TURING 图灵原创

啊哈磊 著

# 啊哈!算法
## Aha! Algorithms

人民邮电出版社

北京

#### 图书在版编目（CIP）数据

啊哈！算法 / 啊哈磊著. -- 北京：人民邮电出版社，2014.6
（图灵原创）
ISBN 978-7-115-35459-4

Ⅰ．①啊… Ⅱ．①啊… Ⅲ．①电子计算机－算法理论 Ⅳ．①TP301.6

中国版本图书馆CIP数据核字(2014)第094155号

#### 内 容 提 要

这是一本充满智慧和趣味的算法入门书。没有枯燥的描述，没有难懂的公式，一切以实际应用为出发点，通过幽默的语言配以可爱的插图来讲解算法。你更像是在阅读一个个轻松的小故事或是在玩一把趣味解谜游戏，在轻松愉悦中便掌握算法精髓，感受算法之美。

本书中涉及的数据结构有栈、队列、链表、树、并查集、堆和图等；涉及的算法有排序、枚举、深度和广度优先搜索、图的遍历，当然还有图论中不可以缺少的四种最短路径算法、两种最小生成树算法、割点与割边算法、二分图的最大匹配算法等。

---

◆ 著　　　啊哈磊
　策划编辑　陈　冰
　责任编辑　傅志红
　责任印制　焦志炜

◆ 人民邮电出版社出版发行　北京市丰台区成寿寺路11号
　邮编　100164　电子邮件　315@ptpress.com.cn
　网址　https://www.ptpress.com.cn
　固安县铭成印刷有限公司印刷

◆ 开本：800×1000　1/16
　印张：16　　　　　　　　2014年6月第1版
　字数：300千字　　　　　 2025年7月河北第62次印刷

定价：59.80元

读者服务热线：(010)84084456-6009　印装质量热线：(010)81055316
反盗版热线：(010)81055315

# 编辑的话

作为本书的策划编辑，我很荣幸。

《啊哈！算法》是我读过的有趣且是我唯一能看懂的一本算法书。

我最初是因为啊哈磊写的另外一本书《啊哈！C》而认识啊哈磊的。啊哈磊还有个网站，也叫啊哈磊，这个啊哈磊网站中有个论坛，叫啊哈论坛。论坛建立短短一年半时间，就聚集了15000多个啊哈小伙伴，都是萌物。我对他的写作风格很欣赏，那是一种因热爱和探究而产生的纯粹的快乐，因此，当啊哈磊率领着他的一大波萌物开开心心地攻城略地，浩浩荡荡地兵临城下，跟我说他想写一本通俗易懂的算法书，不知是否能出版时，我的回答是："必须出版！"

这本书出版意向的达成就是这么简单。

但创作的过程一点不轻松。因为任何一本拿得出手的书的创作都是作者大量时间和精力付出的结果，是毅力的累积。

几个月之后，我拿到了这本书的初稿。我高高兴兴地开始读。这部分写得通俗易懂，我看得津津有味。但读了一些之后，我发现我高兴不起来了，我遇到了困难，有些篇章写得太简略了，只是把算法的基本思路说了一下，然后就直接给出了以该算法实现的某个示例的完整代码。

这样不行，看不懂啊。原理很简单，但实现起来时，看代码就感觉对应不起来了。或许比我聪明的人能看懂，但我希望像我这种在算法方面毫无造诣的普通选手读起来也不吃力，于是我让啊哈磊完善它。我是这么交代的——你得写得让我能看懂才行。这要求非常地简单，但也非常地暗黑。

经过比我想象得要长的时间，啊哈磊给了我第二版。

我继续阅读，很多之前看不懂的地方现在能看懂了，或者至少我认为我看懂了（请允许我使用这种让人生气的措辞），但还有少部分欠点劲儿。啊哈磊向我投来困惑又略带鄙视的目光，我用坚定又痴痴呆呆的目光把他的目光给顶了回去。

于是啊哈磊继续埋头苦干。

终于，我完全可以看懂的版本诞生了。

对于一本技术书，一个编辑可能犯下的最有价值的"错误"就是试图去完全读懂它。

在最后，我还要特别强调一点，这本书不仅写得通俗易懂，而且还在一个非常重要的方方面面超越了其他技术书，那就是这本书中还配了可爱的漫画，萌萌的画风，生动的场景，与文字浑然一体。

本书策划编辑：陈冰

# 序

我想写一本通俗易懂的算法书很久了,因为对于多数人而言,"算法"给他的第一印象就是很难懂,其实我也是这样。还记得我第一次学习图论的"割点割边"算法时,看过不下于四五本书,其中不乏一些算法经典书籍,还百度了一堆材料,才勉强将其看懂并实现成代码。其实这个算法并不难,核心代码不超过 20 行,但是很多算法书都是草草叙述,不同的书籍给出的参考代码也是五花八门,有的甚至都不稀罕给你代码,这大大增加了学习的难度。我是花了整整一个晚上才搞定的,当然这其中不排除智商因素。第二印象就是算法是枯燥无趣的,并且好像没什么作用。其实在我们的日常生活之中到处都可见到算法的影子,只不过它通常隐匿在事物的背后,不太容易被发现。但是它每天都在默默地为我们服务着。在本书中我将带你一步步揭开算法的奥秘,带它走近你的身边。

由于算法的内容确实是太多了,要想全部写清楚恐怕几本书都不够,本书将介绍一些最常用的算法。此外算法的实现通常需要依附一些数据结构,因此在必要的时候对于需要用到的数据结构我也会进行讲解。本书中涉及的数据结构有栈、队列、树、并查集、堆和图等;算法有各种排序、枚举、深度和广度优先搜索、图上的遍历,当然还有图论中不可以缺少的四种最短路径算法、两种最小生成树算法、割点与割边算法、二分图的最大匹配算法等。

尽管我不敢保证我写的算法你一定可以看懂(但凭着一股强大的自信,我认为初中以上文化程度的应该没问题^_^),但我会以一个故事或者一个你在生活中可能遇到的问题开始对一个算法进行讲解,并尽量用通俗易懂的语言配合有趣的插图让你在阅读本书的时候更像是在品读一篇篇轻松的短篇小说或是在玩一把趣味解谜游戏,在轻松愉悦中掌握算法精髓,感受算法之美。

# 致　　谢

本书能得以面世,首先要感谢图灵的陈冰先生。感谢你主动联系我,给予我信心去完成本书的全部,并且提出了很多宝贵的建议。更加令我吃惊的是你竟然能读懂本书的全部算法(包括每一行代码),还发现了很多隐藏得很深的错误,真是一位非常棒的图书出版人。

在书稿创作的过程中，有幸和很多优秀的学生共同学习和探讨，是他们为本书的创作提供了灵感，感谢他们的倾听、交流和建议。他们是武汉二中的吕凯风同学、武汉外国语学校的李嘉浩、熊子健、程雨禾、郭明达和李丁等同学。

本书之所以变得这么有趣，还必须要感谢我的美女插画师郑佳茜，你灵感涌现的插图功不可没。

感谢我的好友张知严，无私地帮助我搭建了"添柴"编程在线学习系统（tianchai.org），为本书读者提供了更好的学习交流平台。

感谢我的学生胡梦清，感谢你排除万难来参加你人生中的最后一场 NOIP 竞赛。是你用行动、青春路上追求梦想的精神，告诉我们 18 岁就应该可爱、执着、不畏惧，敢于朝着梦想前行。

特别感谢我的未婚妻 Snowin，是你放弃了近一年来所有的周末和节假日，陪我在书桌旁、咖啡厅里、旅途中……共同完成了本书的每一个字、每一幅图、每一段代码。

最后要感谢我的父母，你们把我拉扯大太不容易了，我爱你们！

啊哈磊

2014 年 5 月 6 日

# 目　　录

## 第1章　一大波数正在靠近——排序 .................................................. 1
- 第1节　最快最简单的排序——桶排序 ........................................... 2
- 第2节　邻居好说话——冒泡排序 .................................................... 7
- 第3节　最常用的排序——快速排序 ............................................... 12
- 第4节　小哼买书 ........................................................................... 20

## 第2章　栈、队列、链表 ................................................................... 25
- 第1节　解密QQ号——队列 ............................................................ 26
- 第2节　解密回文——栈 .................................................................. 32
- 第3节　纸牌游戏——小猫钓鱼 ....................................................... 35
- 第4节　链表 .................................................................................. 44
- 第5节　模拟链表 ........................................................................... 54

## 第3章　枚举！很暴力 ........................................................................ 57
- 第1节　坑爹的奥数 ........................................................................ 58
- 第2节　炸弹人 ............................................................................... 61
- 第3节　火柴棍等式 ........................................................................ 67
- 第4节　数的全排列 ........................................................................ 70

## 第4章　万能的搜索 ........................................................................... 72
- 第1节　不撞南墙不回头——深度优先搜索 ..................................... 73
- 第2节　解救小哈 ........................................................................... 81
- 第3节　层层递进——广度优先搜索 ................................................ 88
- 第4节　再解炸弹人 ........................................................................ 95
- 第5节　宝岛探险 ........................................................................... 106
- 第6节　水管工游戏 ....................................................................... 117

## 第5章　图的遍历 .............................................................................. 128
- 第1节　深度和广度优先究竟是指啥 ............................................... 129
- 第2节　城市地图——图的深度优先遍历 ........................................ 136

第 3 节　最少转机——图的广度优先遍历 ················································· 142

## 第 6 章　最短路径 ················································· 147
　　第 1 节　只有五行的算法——Floyd-Warshall ········································· 148
　　第 2 节　Dijkstra 算法——单源最短路 ················································ 155
　　第 3 节　Bellman-Ford——解决负权边 ················································ 163
　　第 4 节　Bellman-Ford 的队列优化 ···················································· 171
　　第 5 节　最短路径算法对比分析 ······················································· 177

## 第 7 章　神奇的树 ················································· 178
　　第 1 节　开启"树"之旅 ······························································ 179
　　第 2 节　二叉树 ······································································ 183
　　第 3 节　堆——神奇的优先队列 ······················································· 185
　　第 4 节　擒贼先擒王——并查集 ······················································· 200

## 第 8 章　更多精彩算法 ············································· 211
　　第 1 节　镖局运镖——图的最小生成树 ················································ 212
　　第 2 节　再谈最小生成树 ····························································· 219
　　第 3 节　重要城市——图的割点 ······················································· 229
　　第 4 节　关键道路——用 Tarjan 算法求图的割边（桥）································· 234
　　第 5 节　我要做月老——二分图最大匹配 ·············································· 237

## 第 9 章　还能更好吗——微软亚洲研究院面试 ························· 243

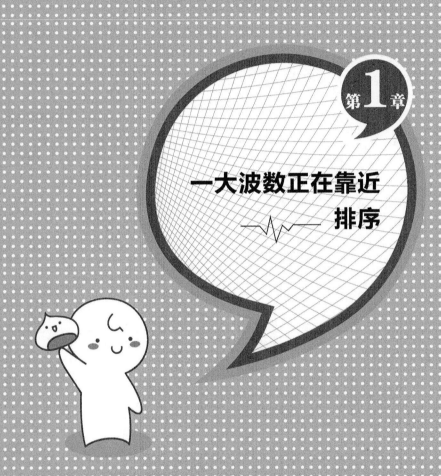

## 第 1 节　最快最简单的排序——桶排序

在我们生活的这个世界中到处都是被排序过的东东。站队的时候会按照身高排序，考试的名次需要按照分数排序，网上购物的时候会按照价格排序，电子邮箱中的邮件按照时间排序……总之很多东东都需要排序，可以说排序是无处不在。现在我们举个具体的例子来介绍一下排序算法。

首先出场的是我们的主人公小哼，上面这个可爱的娃就是啦。期末考试完了老师要将同学们的分数按照从高到低排序。小哼的班上只有 5 个同学，这 5 个同学分别考了 5 分、3 分、5 分、2 分和 8 分，哎，考得真是惨不忍睹（满分是 10 分）。接下来将分数进行从大到小排序，排序后是 8 5 5 3 2。你有没有什么好方法编写一段程序，让计算机随机读入 5 个数然后将这 5 个数从大到小输出？请先想一想，至少想 15 分钟再往下看吧（*^__^*）。

我们这里只需借助一个一维数组就可以解决这个问题。请确定你真的仔细想过再往下看哦。

首先我们需要申请一个大小为 11 的数组 int a[11]。OK，现在你已经有了 11 个变量，编号从 a[0]~a[10]。刚开始的时候，我们将 a[0]~a[10]都初始化为 0，表示这些分数还都没有人得过。例如 a[0]等于 0 就表示目前还没有人得过 0 分，同理 a[1]等于 0 就表示目前还没有人得过 1 分……a[10]等于 0 就表示目前还没有人得过 10 分。

```
  0    0    0    0    0    0    0    0    0    0    0
 a[0] a[1] a[2] a[3] a[4] a[5] a[6] a[7] a[8] a[9] a[10]
```

数组下标0~10分别表示分数0~10
不同的分数所对应的单元格则存储着得此分数的人数

下面开始处理每一个人的分数，第一个人的分数是 5 分，我们就将相对应的 a[5]的值在原来的基础增加 1，即将 a[5]的值从 0 改为 1，表示 5 分出现过了一次。

```
  0    0    0    0    0    1    0    0    0    0    0
 a[0] a[1] a[2] a[3] a[4] a[5] a[6] a[7] a[8] a[9] a[10]
```

第二个人的分数是 3 分，我们就把相对应的 a[3]的值在原来的基础上增加 1，即将 a[3]的值从 0 改为 1，表示 3 分出现过了一次。

```
  0    0    0    1    0    1    0    0    0    0    0
 a[0] a[1] a[2] a[3] a[4] a[5] a[6] a[7] a[8] a[9] a[10]
```

注意啦！第三个人的分数也是5分，所以a[5]的值需要在此基础上再增加1，即将a[5]的值从1改为2，表示5分出现过了两次。

```
 0   0   0   1   0   2   0   0   0   0   0
a[0] a[1] a[2] a[3] a[4] a[5] a[6] a[7] a[8] a[9] a[10]
```

按照刚才的方法处理第四个和第五个人的分数。最终结果就是下面这个图啦。

```
 0   0   1   1   0   2   0   0   1   0   0
a[0] a[1] a[2] a[3] a[4] a[5] a[6] a[7] a[8] a[9] a[10]
```

你发现没有，a[0]~a[10]中的数值其实就是0分到10分每个分数出现的次数。接下来，我们只需要将出现过的分数打印出来就可以了，出现几次就打印几次，具体如下。

a[0]为0，表示"0"没有出现过，不打印。

a[1]为0，表示"1"没有出现过，不打印。

a[2]为1，表示"2"出现过1次，打印2。

a[3]为1，表示"3"出现过1次，打印3。

a[4]为0，表示"4"没有出现过，不打印。

a[5]为2，表示"5"出现过2次，打印5 5。

a[6]为0，表示"6"没有出现过，不打印。

a[7]为0，表示"7"没有出现过，不打印。

a[8]为1，表示"8"出现过1次，打印8。

a[9]为0，表示"9"没有出现过，不打印。

a[10]为0，表示"10"没有出现过，不打印。

最终屏幕输出"2 3 5 5 8"，完整的代码如下。

```c
#include <stdio.h>
int main()
{
    int a[11],i,j,t;
    for(i=0;i<=10;i++)
        a[i]=0;   //初始化为0

    for(i=1;i<=5;i++)   //循环读入5个数
    {
```

```
        scanf("%d",&t);  //把每一个数读到变量t中
        a[t]++;   //进行计数
    }
    
    for(i=0;i<=10;i++)    //依次判断a[0]~a[10]
        for(j=1;j<=a[i];j++)   //出现了几次就打印几次
            printf("%d ",i);
    
    getchar();getchar();
    //这里的getchar();用来暂停程序,以便查看程序输出的内容
    //也可以用system("pause");等来代替
    return 0;
}
```

输入数据为:

```
5 3 5 2 8
```

仔细观察的同学会发现,刚才实现的是从小到大排序。但是我们要求是从大到小排序,这该怎么办呢?还是先自己想一想再往下看哦。

其实很简单。只需要将 for(i=0;i<=10;i++) 改为 for(i=10;i>=0;i--) 就 OK 啦,快去试一试吧。

这种排序方法我们暂且叫它"桶排序"。因为其实真正的桶排序要比这个复杂一些,以后再详细讨论,目前此算法已经能够满足我们的需求了。

这个算法就好比有 11 个桶,编号从 0~10。每出现一个数,就在对应编号的桶中放一个小旗子,最后只要数数每个桶中有几个小旗子就 OK 了。例如 2 号桶中有 1 个小旗子,表示 2 出现了一次;3 号桶中有 1 个小旗子,表示 3 出现了一次;5 号桶中有 2 个小旗子,表示 5 出现了两次;8 号桶中有 1 个小旗子,表示 8 出现了一次。

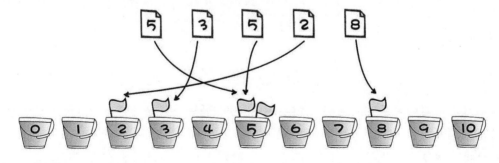

现在你可以尝试一下输入 n 个 0~1000 之间的整数,将它们从大到小排序。提醒一下,

如果需要对数据范围在 0~1000 的整数进行排序,我们需要 1001 个桶,来表示 0~1000 之间每一个数出现的次数,这一点一定要注意。另外,此处的每一个桶的作用其实就是"标记"每个数出现的次数,因此我喜欢将之前的数组 a 换个更贴切的名字 book(book 这个单词有记录、标记的意思),代码实现如下。

```c
#include <stdio.h>

int main()
{
    int book[1001],i,j,t,n;
    for(i=0;i<=1000;i++)
        book[i]=0;
    scanf("%d",&n);//输入一个数n,表示接下来有n个数
    for(i=1;i<=n;i++)//循环读入n个数,并进行桶排序
    {
        scanf("%d",&t);   //把每一个数读到变量t中
        book[t]++;    //进行计数,对编号为t的桶放一个小旗子
    }
    for(i=1000;i>=0;i--)    //依次判断编号1000~0的桶
        for(j=1;j<=book[i];j++)   //出现了几次就将桶的编号打印几次
            printf("%d ",i);

    getchar();getchar();
    return 0;
}
```

可以输入以下数据进行验证。

```
10
8 100 50 22 15 6 1 1000 999 0
```

运行结果是:

```
1000 999 100 50 22 15 8 6 1 0
```

最后来说下时间复杂度的问题。代码中第 6 行的循环一共循环了 $m$ 次($m$ 为桶的个数),第 9 行的代码循环了 $n$ 次($n$ 为待排序数的个数),第 14 行和第 15 行一共循环了 $m+n$ 次。所以整个排序算法一共执行了 $m+n+m+n$ 次。我们用大写字母 O 来表示时间复杂度,因此该

算法的时间复杂度是 $O(m+n+m+n)$ 即 $O(2*(m+n))$。我们在说时间复杂度的时候可以忽略较小的常数，最终桶排序的时间复杂度为 $O(m+n)$。还有一点，在表示时间复杂度的时候，$n$ 和 $m$ 通常用大写字母即 $O(M+N)$。

这是一个非常快的排序算法。桶排序从 1956 年就开始被使用，该算法的基本思想是由 E.J. Issac 和 R.C. Singleton 提出来的。之前我说过，其实这并不是真正的桶排序算法，真正的桶排序算法要比这个更加复杂。但是考虑到此处是算法讲解的第一篇，我想还是越简单易懂越好，真正的桶排序留在以后再聊吧。需要说明一点的是：我们目前学习的简化版桶排序算法，其本质上还不能算是一个真正意义上的排序算法。为什么呢？例如遇到下面这个例子就没辙了。

现在分别有 5 个人的名字和分数：huhu 5 分、haha 3 分、xixi 5 分、hengheng 2 分和 gaoshou 8 分。请按照分数从高到低，输出他们的名字。即应该输出 gaoshou、huhu、xixi、haha、hengheng。发现问题了没有？如果使用我们刚才简化版的桶排序算法仅仅是把分数进行了排序。最终输出的也仅仅是分数，但没有对人本身进行排序。也就是说，我们现在并不知道排序后的分数原本对应着哪一个人！这该怎么办呢？不要着急，请看下节——冒泡排序。

## 第 2 节　邻居好说话——冒泡排序

简化版的桶排序不仅仅有上一节所遗留的问题，更要命的是：它非常浪费空间！例如需要排序数的范围是 0~2100000000，那你则需要申请 2100000001 个变量，也就是说要写成 int a[2100000001]。因为我们需要用 2100000001 个"桶"来存储 0~2100000000 每一个数出现的次数。即便只给你 5 个数进行排序（例如这 5 个数是 1、1912345678、2100000000、18000000 和 912345678），你也仍然需要 2100000001 个"桶"，这真是太浪费空间了！还有，如果现在需要排序的不再是整数而是一些小数，比如将 5.56789、2.12、1.1、3.123、4.1234 这五个数进行从小到大排序又该怎么办呢？现在我们来学习另一种新的排序算法：冒泡排序。它可以很好地解决这两个问题。

**冒泡排序的基本思想是**：每次比较两个相邻的元素，如果它们的顺序错误就把它们交换过来。

例如我们需要将 12 35 99 18 76 这 5 个数进行从大到小的排序。既然是从大到小排序，也就是说**越小的越靠后**，你是不是觉得我在说废话，但是这句话很关键（∩_∩）。

首先比较第 1 位和第 2 位的大小，现在第 1 位是 12，第 2 位是 35。发现 12 比 35 要小，因为我们希望越小越靠后嘛,因此需要交换这两个数的位置。交换之后这 5 个数的顺序是 35 <u>12</u> 99 18 76。

按照刚才的方法,继续比较第 2 位和第 3 位的大小,第 2 位是 12,第 3 位是 99。12 比 99 要小,因此需要交换这两个数的位置。交换之后这 5 个数的顺序是 35 99 <u>12</u> 18 76。

根据刚才的规则,继续比较第 3 位和第 4 位的大小,如果第 3 位比第 4 位小,则交换位置。交换之后这 5 个数的顺序是 35 99 18 <u>12</u> 76。

最后,比较第 4 位和第 5 位。4 次比较之后 5 个数的顺序是 35 99 18 76 <u>12</u>。

经过 4 次比较后我们发现最小的一个数已经就位(已经在最后一位,请注意 12 这个数的移动过程),是不是很神奇。现在再来回忆一下刚才比较的过程。每次都是比较**相邻**的两个数,如果后面的数比前面的数大,则交换这两个数的位置。一直比较下去直到最后两个数比较完毕后,最小的数就在最后一个了。就如同是一个气泡,一步一步往后"翻滚",直到最后一位。所以这个排序的方法有一个很好听的名字"冒泡排序"。

说到这里其实我们的排序只将 5 个数中最小的一个归位了。每将一个数归位我们将其称

为"一趟"。下面我们将继续重复刚才的过程，将剩下的 4 个数一一归位。

好，现在开始"第二趟"，目标是将第 2 小的数归位。首先还是先比较第 1 位和第 2 位，如果第 1 位比第 2 位小，则交换位置。交换之后这 5 个数的顺序是 99 35 18 76 12。接下来你应该都会了，依次比较第 2 位和第 3 位，第 3 位和第 4 位。注意此时已经不需要再比较第 4 位和第 5 位。因为在第一趟结束后已经可以确定第 5 位上放的是最小的了。第二趟结束之后这 5 个数的顺序是 99 35 76 18 12。

"第三趟"也是一样的。第三趟之后这 5 个数的顺序是 99 76 35 18 12。

现在到了最后一趟"第四趟"。有的同学又要问了，这不是已经排好了吗？还要继续？当然，这里纯属巧合，你若用别的数试一试可能就不是了。你能找出这样的数据样例来吗？请试一试。

"冒泡排序"的原理是：每一趟只能确定将一个数归位。即第一趟只能确定将末位上的数（即第 5 位）归位，第二趟只能将倒数第 2 位上的数（即第 4 位）归位，第三趟只能将倒数第 3 位上的数（即第 3 位）归位，而现在前面还有两个位置上的数没有归位，因此我们仍然需要进行"第四趟"。

"第四趟"只需要比较第 1 位和第 2 位的大小。因为后面三个位置上的数归位了，现在第 1 位是 99，第 2 位是 76，无需交换。这 5 个数的顺序不变仍然是 99 76 35 18 12。到此排序完美结束了，5 个数已经有 4 个数归位，那最后一个数也只能放在第 1 位了。

最后我们总结一下：如果有 $n$ 个数进行排序，只需将 $n-1$ 个数归位，也就是说要进行 $n-1$ 趟操作。而"每一趟"都需要从第 1 位开始进行相邻两个数的比较，将较小的一个数放在后面，比较完毕后向后挪一位继续比较下面两个相邻数的大小，重复此步骤，直到最后一个**尚未归位的数**，已经归位的数则无需再进行比较（已经归位的数你还比较个啥，浪费表情）。

这个算法是不是很强悍？记得我每次拍集体照的时候就总是被别人换来换去的，当时特别烦。不知道发明此算法的人当时的灵感是否来源于此。啰里吧嗦地说了这么多，下面是代码。建议先自己尝试去实现一下看看，再来看我是如何实现的。

```
#include <stdio.h>
int main()
{
    int a[100],i,j,t,n;
    scanf("%d",&n);    //输入一个数n，表示接下来有n个数
    for(i=1;i<=n;i++)  //循环读入n个数到数组a中
        scanf("%d",&a[i]);
```

```
    //冒泡排序的核心部分
    for(i=1;i<=n-1;i++)  //n个数排序,只用进行n-1趟
    {
        for(j=1;j<=n-i;j++)
    //从第1位开始比较直到最后一个尚未归位的数,想一想为什么到n-i就可以了。
        {
            if(a[j]<a[j+1])  //比较大小并交换
            {  t=a[j]; a[j]=a[j+1]; a[j+1]=t;  }
        }
    }
    for(i=1;i<=n;i++)   //输出结果
        printf("%d ",a[i]);

    getchar();getchar();
    return 0;
}
```

可以输入以下数据进行验证。

```
10
8 100 50 22 15 6 1 1000 999 0
```

运行结果是:

```
1000 999 100 50 22 15 8 6 1 0
```

将上面代码稍加修改,就可以解决第1节遗留的问题,如下。

```
#include <stdio.h>
struct student
{
    char name[21];
    int score;
};//这里创建了一个结构体用来存储姓名和分数
int main()
{
    struct student a[100],t;
    int i,j,n;
    scanf("%d",&n);  //输入一个数n
    for(i=1;i<=n;i++)  //循环读入n个人名和分数
        scanf("%s %d",a[i].name,&a[i].score);
```

```
    //按分数从高到低进行排序
    for(i=1;i<=n-1;i++)
    {
        for(j=1;j<=n-i;j++)
        {
            if(a[j].score<a[j+1].score)//对分数进行比较
            {   t=a[j]; a[j]=a[j+1]; a[j+1]=t;   }
        }
    }
    for(i=1;i<=n;i++)//输出人名
        printf("%s\n",a[i].name);

    getchar();getchar();
    return 0;
}
```

可以输入以下数据进行验证。

```
5
huhu 5
haha 3
xixi 5
hengheng 2
gaoshou 8
```

运行结果是：

```
gaoshou
huhu
xixi
haha
hengheng
```

冒泡排序的核心部分是双重嵌套循环。不难看出冒泡排序的时间复杂度是 $O(N^2)$。这是一个非常高的时间复杂度。冒泡排序早在 1956 年就有人开始研究，之后有很多人都尝试过对冒泡排序进行改进，但结果却令人失望。如 Donald E. Knuth（中文名为高德纳，1974 年图灵奖获得者）所说："冒泡排序除了它迷人的名字和导致了某些有趣的理论问题这一事实之外，似乎没有什么值得推荐的。"你可能要问：那还有没有更好的排序算法呢？不要走开，请看下节——快速排序。

## 第3节 最常用的排序——快速排序

上一节的冒泡排序可以说是我们学习的第一个真正的排序算法,并且解决了桶排序浪费空间的问题,但在算法的执行效率上却牺牲了很多,它的时间复杂度达到了 $O(N^2)$。假如我们的计算机每秒钟可以运行 10 亿次,那么对 1 亿个数进行排序,桶排序只需要 0.1 秒,而冒泡排序则需要 1 千万秒,达到 115 天之久,是不是很吓人?那有没有既不浪费空间又可以快一点的排序算法呢?那就是"快速排序"啦!光听这个名字是不是就觉得很高端呢?

假设我们现在对"6 1 2 7 9 3 4 5 10 8"这 10 个数进行排序。首先在这个序列中随便找一个数作为**基准数**(不要被这个名词吓到了,这就是一个用来参照的数,待会儿你就知道它用来做啥了)。为了方便,就让第一个数 6 作为基准数吧。接下来,需要将这个序列中所有比基准数大的数放在 6 的右边,比基准数小的数放在 6 的左边,类似下面这种排列。

3 1 2 5 4 **6** 9 7 10 8

在初始状态下,数字 6 在序列的第 1 位。我们的目标是将 6 挪到序列中间的某个位置,假设这个位置是 $k$。现在就需要寻找这个 $k$,并且以第 $k$ 位为分界点,左边的数都小于等于 6,右边的数都大于等于 6。想一想,你有办法可以做到这点吗?

给你一个提示吧。请回忆一下冒泡排序是如何通过"交换"一步步让每个数归位的。此时你也可以通过"交换"的方法来达到目的。具体是如何一步步交换呢?怎样交换才既方便又节省时间呢?先别急着往下看,拿出笔来,在纸上画画看。我高中时第一次学习冒泡排序算法的时候,就觉得冒泡排序很浪费时间,每次都只能对相邻的两个数进行比较,这显然太不合理了。于是我就想了一个办法,后来才知道原来这就是"快速排序",请允许我小小地自恋一下(^o^)。

方法其实很简单:分别从初始序列"6 1 2 7 9 3 4 5 10 8"两端开始"探测"。先从**右**往**左**找一个小于 6 的数,再从**左**往**右**找一个大于 6 的数,然后交换它们。这里可以用两个变量 $i$ 和 $j$,分别指向序列最左边和最右边。我们为这两个变量起个好听的名字"哨兵 $i$"和"哨兵 $j$"。刚开始的时候让哨兵 $i$ 指向序列的最左边(即 $i=1$),指向数字 6。让哨兵 $j$ 指向序列的最右边(即 $j=10$),指向数字 8。

# 第1章 一大波数正在靠近——排序

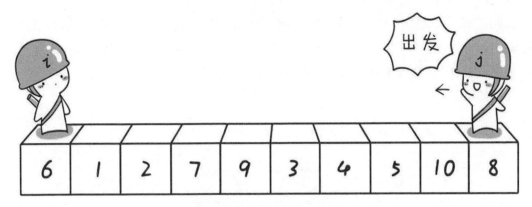

首先哨兵 j 开始出动。因为此处设置的基准数是最左边的数,所以需要让哨兵 j 先出动,这一点非常重要(请自己想一想为什么)。哨兵 j 一步一步地向左挪动(即 j--),直到找到一个小于 6 的数停下来。接下来哨兵 i 再一步一步向右挪动(即 i++),直到找到一个大于 6 的数停下来。最后哨兵 j 停在了数字 5 面前,哨兵 i 停在了数字 7 面前。

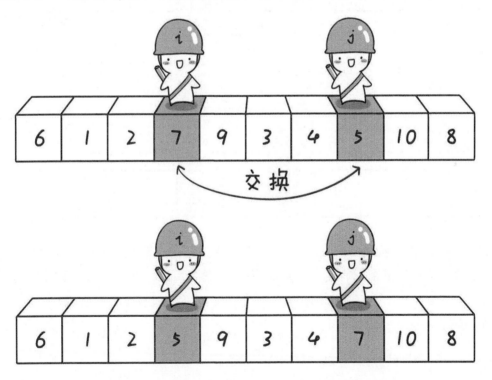

现在交换哨兵 i 和哨兵 j 所指向的元素的值。交换之后的序列如下。

6 1 2 **5** 9 3 4 **7** 10 8

到此，第一次交换结束。接下来哨兵 j 继续向左挪动（再次友情提醒，每次必须是哨兵 j 先出发）。他发现了 4（比基准数 6 要小，满足要求）之后停了下来。哨兵 i 也继续向右挪动，他发现了 9（比基准数 6 要大，满足要求）之后停了下来。此时再次进行交换，交换之后的序列如下。

6　1　2　5　**4**　3　**9**　7　10　8

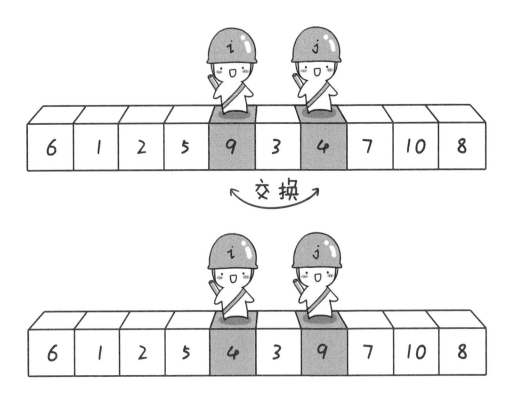

第二次交换结束，"探测"继续。哨兵 j 继续向左挪动，他发现了 3（比基准数 6 要小，满足要求）之后又停了下来。哨兵 i 继续向右移动，糟啦！此时哨兵 i 和哨兵 j 相遇了，哨兵 i 和哨兵 j 都走到 3 面前。说明此时"探测"结束。我们将基准数 6 和 3 进行交换。交换之后的序列如下。

**3**　1　2　5　4　**6**　9　7　10　8

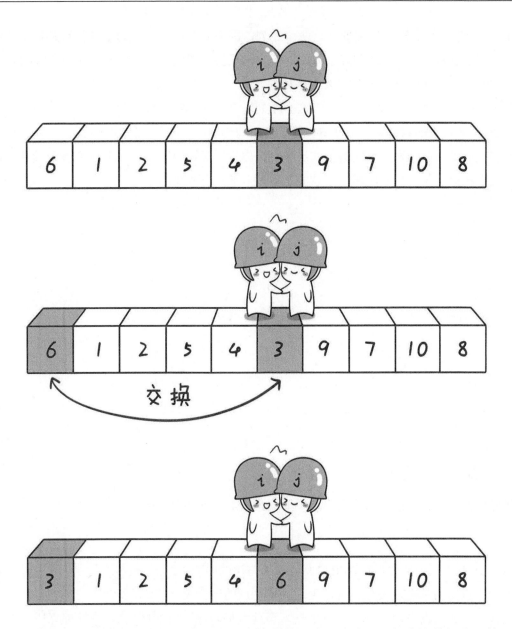

到此第一轮"探测"真正结束。此时以基准数 6 为分界点，6 左边的数都小于等于 6，6 右边的数都大于等于 6。回顾一下刚才的过程，其实哨兵 j 的使命就是要找小于基准数的数，而哨兵 i 的使命就是要找大于基准数的数，直到 i 和 j 碰头为止。

OK，解释完毕。现在基准数 6 已经归位，它正好处在序列的第 6 位。此时我们已经将原来的序列，以 6 为分界点拆分成了两个序列，左边的序列是"3 1 2 5 4"，右边的序列是

"9 7 10 8"。接下来还需要分别处理这两个序列，因为6左边和右边的序列目前都还是很混乱的。不过不要紧，我们已经掌握了方法，接下来只要模拟刚才的方法分别处理6左边和右边的序列即可。现在先来处理6左边的序列吧。

左边的序列是"3 1 2 5 4"。请将这个序列以3为基准数进行调整，使得3左边的数都小于等于3，3右边的数都大于等于3。好了开始动笔吧。

不用找纸了，别以为我不知道你的小伎俩，你肯定又没有动手尝试！就准备继续往下看了吧。这里我留了一个空白区域，赶快自己动手模拟一下吧！

如果你模拟得没有错，调整完毕之后的序列的顺序应该是：

2  1  **3**  5  4

OK，现在3已经归位。接下来需要处理3左边的序列"2 1"和右边的序列"5 4"。对序列"2 1"以2为基准数进行调整，处理完毕之后的序列为"1 2"，到此2已经归位。序列"1"只有一个数，也不需要进行任何处理。至此我们对序列"2 1"已全部处理完毕，得到的序列是"1 2"。序列"5 4"的处理也仿照此方法，最后得到的序列如下。

1  2  3  4  5  6  9  7  10  8

对于序列"9 7 10 8"也模拟刚才的过程，直到不可拆分出新的子序列为止。最终将会得到这样的序列：

1 2 3 4 5 6 7 8 9 10

到此,排序完全结束。细心的同学可能已经发现,快速排序的每一轮处理其实就是将这一轮的基准数归位,直到所有的数都归位为止,排序就结束了。下面上个霸气的图来描述下整个算法的处理过程。

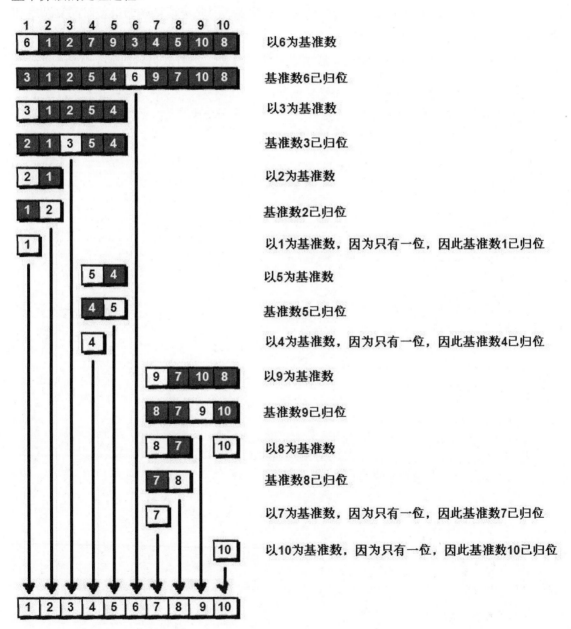

快速排序之所以比较快，是因为相比冒泡排序，每次交换是跳跃式的。每次排序的时候设置一个基准点，将小于等于基准点的数全部放到基准点的左边，将大于等于基准点的数全部放到基准点的右边。这样在每次交换的时候就不会像冒泡排序一样只能在相邻的数之间进行交换，交换的距离就大得多了。因此总的比较和交换次数就少了，速度自然就提高了。当然在最坏的情况下，仍可能是相邻的两个数进行了交换。因此快速排序的最差时间复杂度和冒泡排序是一样的，都是$O(N^2)$，它的平均时间复杂度为$O(N\log N)$。其实快速排序是基于一种叫做"二分"的思想。我们后面还会遇到"二分"思想，到时候再聊。先上代码，如下。

```c
#include <stdio.h>
int a[101],n;//定义全局变量，这两个变量需要在子函数中使用

void quicksort(int left,int right)
{
    int i,j,t,temp;
    if(left>right)
        return;

    temp=a[left]; //temp中存的就是基准数
    i=left;
    j=right;
    while(i!=j)
    {
        //顺序很重要，要先从右往左找
        while(a[j]>=temp && i<j)
            j--;
        //再从左往右找
        while(a[i]<=temp && i<j)
            i++;

        //交换两个数在数组中的位置
        if(i<j)//当哨兵i和哨兵j没有相遇时
        {
            t=a[i];
            a[i]=a[j];
            a[j]=t;
        }
    }
    //最终将基准数归位
```

```
        a[left]=a[i];
        a[i]=temp;

        quicksort(left,i-1);//继续处理左边的,这里是一个递归的过程
        quicksort(i+1,right);//继续处理右边的,这里是一个递归的过程
        return;
}

int main()
{
    int i,j;
    //读入数据
    scanf("%d",&n);
    for(i=1;i<=n;i++)
        scanf("%d",&a[i]);

    quicksort(1,n);  //快速排序调用

    //输出排序后的结果
    for(i=1;i<=n;i++)
        printf("%d ",a[i]);

    getchar();getchar();
    return 0;
}
```

可以输入以下数据进行验证。

```
10
6 1 2 7 9 3 4 5 10 8
```

运行结果是:

```
1 2 3 4 5 6 7 8 9 10
```

下面是程序执行过程中数组 a 的变化过程,带下划线的数表示的是已归位的基准数。

```
6 1 2 7 9 3 4 5 10 8
3 1 2 5 4 6 9 7 10 8
2 1 3 5 4 6 9 7 10 8
1 2 3 5 4 6 9 7 10 8
```

```
1 2 3 5 4 6 9 7 10 8
1 2 3 4 5 6 9 7 10 8
1 2 3 4 5 6 9 7 10 8
1 2 3 4 5 6 8 7 9 10
1 2 3 4 5 6 7 8 9 10
1 2 3 4 5 6 7 8 9 10
1 2 3 4 5 6 7 8 9 10
```

快速排序由 C. A. R. Hoare（东尼·霍尔，Charles Antony Richard Hoare）在 1960 年提出，之后又有许多人做了进一步的优化。如果你对快速排序感兴趣，可以去看看东尼·霍尔 1962 年在 *Computer Journal* 发表的论文 "Quicksort" 以及《算法导论》的第七章。快速排序算法仅仅是东尼·霍尔在计算机领域才能的第一次显露，后来他受到了老板的赏识和重用，公司希望他为新机器设计一种新的高级语言。你要知道当时还没有 PASCAL 或者 C 语言这些高级的东东。后来东尼·霍尔参加了由 Edsger Wybe Dijkstra（1972 年图灵奖得主，这个大神我们后面还会遇到的，到时候再细聊）举办的 ALGOL 60 培训班，他觉得自己与其没有把握地去设计一种新的语言，还不如对现有的 ALGOL 60 进行改进，使之能在公司的新机器上使用。于是他便设计了 ALGOL 60 的一个子集版本。这个版本在执行效率和可靠性上都在当时 ALGOL 60 的各种版本中首屈一指，因此东尼·霍尔受到了国际学术界的重视。后来他在 ALGOL X 的设计中还发明了大家熟知的 case 语句，也被各种高级语言广泛采用，比如 PASCAL、C、Java 语言等等。当然，东尼·霍尔在计算机领域的贡献还有很多很多，他在 1980 年获得了图灵奖。

## 第 4 节　小哼买书

排序算法还有很多，例如我在《啊哈 C 语言！逻辑的挑战》一书中讲过的选择排序，另外还有计数排序、基数排序、插入排序、归并排序和堆排序等等。堆排序是基于二叉树的排序，我会在后面的章节讲到。现在来看一个具体的例子"小哼买书"（根据全国青少年信息学奥林匹克联赛 NOIP2006 普及组第一题改编），来实践一下本章所学的三种排序算法。

小哼的学校要建立一个图书角，老师派小哼去找一些同学做调查，看看同学们都喜欢读哪些书。小哼让每个同学写出一个自己最想读的书的 ISBN 号（你知道吗？每本书都有唯一的 ISBN 号，不信的话你去找本书翻到背面看看）。当然有一些好书会有很多同学都喜欢，这样就会收集到很多重复的 ISBN 号。小哼需要去掉其中重复的 ISBN 号，即每个 ISBN 号只保留一个，也就说同样的书只买一本（学校真是够抠门的）。然后再把这些 ISBN 号从小到大排序，小哼将按照排序好的 ISBN 号去书店买书。请你协助小哼完成"去重"与"排序"的工作。

输入有 2 行，第 1 行为一个正整数，表示有 $n$ 个同学参与调查（$n \leq 100$）。第 2 行有 $n$ 个用空格隔开的正整数，为每本图书的 ISBN 号（假设图书的 ISBN 号在 1~1000）。

输出也是 2 行，第 1 行为一个正整数 $k$，表示需要买多少本书。第 2 行为 $k$ 个用空格隔开的正整数，为从小到大已排好序的需要购买的图书的 ISBN 号。

例如输入：

```
10
20 40 32 67 40 20 89 300 400 15
```

则输出：

```
8
15 20 32 40 67 89 300 400
```

最后，程序运行的时间限制为 1 秒。

解决这个问题的方法大致有两种。第一种方法：先将这 n 个图书的 ISBN 号去重，再进行从小到大排序并输出；第二种方法：先从小到大排序，输出的时候再去重。这两种方法都可以。

先来看第一种方法。通过第一节的学习我们发现，桶排序稍加改动正好可以起到去重的效果，因此我们可以使用桶排序的方法来解决此问题。

```c
#include <stdio.h>
int main()
{
    int a[1001],n,i,t;
    for(i=1;i<=1000;i++)
        a[i]=0;  //初始化
    
    scanf("%d",&n); //读入n
    for(i=1;i<=n;i++) //循环读入n个图书的ISBN号
    {
        scanf("%d",&t); //把每一个ISBN号读到变量t中
        a[t]=1;  //标记出现过的ISBN号
    }
    
    for(i=1;i<=1000;i++)  //依次判断1~1000这个1000个桶
    {
        if(a[i]==1)//如果这个ISBN号出现过则打印出来
            printf("%d ",i);
    }
    
    getchar();getchar();
    return 0;
}
```

这种方法的时间复杂度就是桶排序的时间复杂度，为 $O(N+M)$。

第二种方法我们需要先排序再去重。排序我们可以用冒泡排序或者快速排序。

```
20 40 32 67 40 20 89 300 400 15
```

将这 10 个数从小到大排序之后为 15 20 20 32 40 40 67 89 300 400。

接下来，要在输出的时候去掉重复的。因为我们已经排好序，所以相同的数都会紧挨在

一起。只要在输出的时候，预先判断一下当前这个数 $a[i]$ 与前面一个数 $a[i-1]$ 是否相同。如果相同则表示这个数之前已经输出过了，不用再次输出；不同则表示这个数是第一次出现，需要输出这个数。

```c
#include <stdio.h>
int main()
{
    int a[101],n,i,j,t;
    
    scanf("%d",&n);        //读入n
    for(i=1;i<=n;i++)  //循环读入n个图书ISBN号
    {
        scanf("%d",&a[i]);
    }
    
    //开始冒泡排序
    for(i=1;i<=n-1;i++)
    {
        for(j=1;j<=n-i;j++)
        {
            if(a[j]>a[j+1])
            {  t=a[j]; a[j]=a[j+1]; a[j+1]=t;  }
        }
    }
    printf("%d ",a[1]);  //输出第1个数
    for(i=2;i<=n;i++)   //从2循环到n
    {
        if( a[i] != a[i-1] )  //如果当前这个数是第一次出现则输出
            printf("%d ",a[i]);
    }
    
    getchar();getchar();
    return 0;
}
```

这种方法的时间复杂度由两部分组成，一部分是冒泡排序的时间复杂度，是 $O(N^2)$，另一部分是读入和输出，都是 $O(N)$，因此整个算法的时间复杂度是 $O(2*N+N^2)$。相对于 $N^2$ 来说，$2*N$ 可以忽略（我们通常忽略低阶），最终该方法的时间复杂度是 $O(N^2)$。

接下来还需要看下数据范围。每个图书 ISBN 号都是 1~1000 的整数，并且参加调查的同学人数不超过 100，即 $n \leq 100$。之前已经说过，在粗略计算时间复杂度的时候，我们通常认为计算机每秒钟大约运行 10 亿次（当然实际情况要更快），因此以上两种方法都可以在 1 秒钟内计算出解。如果题目中图书的 ISBN 号范围不是在 1~1000，而是 –2147483648~2147483647 的话，那么第一种方法就不可行了，因为你无法申请出这么大的数组来标记每一个 ISBN 号是否出现过。另外如果 $n$ 的范围不是小于等于 100，而是小于等于 10 万，那么第二种方法的排序部分也不能使用冒泡排序。因为题目要求的时间限制是 1 秒，使用冒泡排序对 10 万个数进行排序，计算机要运行 100 亿次，需要 10 秒钟，因此要替换为快速排序，快速排序只需要 $100000 \times \log_2 100000 \approx 100000 \times 17 \approx 170$ 万次，这还不到 0.0017 秒。是不是很神奇？同样的问题使用不同的算法竟然有如此之大的时间差距，这就是算法的魅力！

我们来回顾一下本章三种排序算法的时间复杂度。桶排序是最快的，它的时间复杂度是 $O(N+M)$；冒泡排序是 $O(N^2)$；快速排序是 $O(N\log N)$。

最后，你可以到"添柴–编程学习网"提交本题的代码，来验证一下你的解答是否完全正确。《小哼买书》题目的地址如下：

```
www.tianchai.org/problem-12001.html
```

接下来，本书中的所有算法都可以去"添柴–编程学习网"一一验证。如果你从来没有使用过类似"添柴–编程学习网"这样的在线自动评测系统（online judge），那么我推荐你可以先尝试提交下这道题：A+B=? 地址如下：

```
www.tianchai.org/problem-10000.html
```

# 第2章

## 栈、队列、链表

## 第 1 节  解密 QQ 号——队列

新学期开始了,小哈是小哼的新同桌(小哈是个小美女哦~),小哼向小哈询问 QQ 号,小哈当然不会直接告诉小哼啦,原因嘛你懂的。所以小哈给了小哼一串加密过的数字,同时小哈也告诉了小哼解密规则。规则是这样的:首先将第 1 个数删除,紧接着将第 2 个数放到这串数的末尾,再将第 3 个数删除并将第 4 个数放到这串数的末尾,再将第 5 个数删除……直到剩下最后一个数,将最后一个数也删除。按照刚才删除的顺序,把这些删除的数连在一起就是小哈的 QQ 啦。现在你来帮帮小哼吧。小哈给小哼加密过的一串数是"６３１７５８９２４"。

OK，现在轮到你动手的时候了。快去找出9张便签或小纸片，将"631758924"这9个数分别写在9张便签上，模拟一下解密过程。如果你没有理解错解密规则的话，解密后小哈的QQ号应该是"615947283"。

其实解密的过程就像是将这些数"排队"。每次从最前面拿两个，第1个扔掉，第2个放到尾部。具体过程是这样的：刚开始这串数是"631758924"，首先删除6并将3放到这串数的末尾，这串数更新为"17589243"。接下来删除1并将7放到末尾，即更新为"5892437"。再删除5并将8放到末尾即"924378"，删除9并将2放到末尾即"43782"，删除4并将3放到末尾即"7823"，删除7并将8放到末尾即"238"，删除2并将3放到末尾即"83"，删除8并将3放到末尾即"3"，最后删除3。因此被删除的顺序是"615947283"，这就是小哈的QQ号码了，你可以加她试试看^_^。

既然现在已经搞清楚了解密法则，不妨自己尝试一下去编程，我相信你一定可以写出来的。

首先需要一个数组来存储这一串数即 int q[101]，并初始化这个数组即 int q[101]={0,6,3,1,7,5,8,9,2,4}；（此处初始化是我多写了一个0，用来填充q[0]，因为我比较喜欢从q[1]开始用，对数组初始化不是很理解的同学可以去看一下我的上本书《啊哈 C！思考快你一步》）。接下来就是模拟解密的过程了。

解密的第一步是将第一个数删除，你可以想一下如何在数组中删除一个数呢。最简单的方法是将所有后面的数都往前面挪动一位，将前面的数覆盖。就好比我们在排队买票，最前面的人买好离开了，后面所有的人就需要全部向前面走一步，补上之前的空位，但是这样的做法很耗费时间。

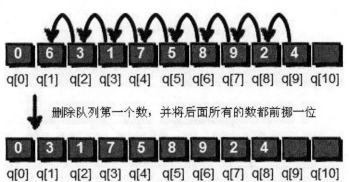

删除队列第一个数，并将后面所有的数都前挪一位

在这里，我将引入两个整型变量 head 和 tail。head 用来记录队列的队首（即第一位），tail 用来记录队列的队尾（即最后一位）的下一个位置。你可能会问：为什么 tail 不直接记录队尾，却要记录队尾的下一个位置呢？这是因为当队列中只剩下一个元素时，队首和队尾

重合会带来一些麻烦。我们这里规定队首和队尾重合时，队列为空。

现在有9个数，9个数全部放入队列之后head=1，tail=10，此时head和tail之间的数就是目前队列中"有效"的数。如果要删除一个数的话，就将head++就OK了，这样仍然可以保持head和tail之间的数为目前队列中"有效"的数。这样做虽然浪费了一个空间，却节省了大量的时间，这是非常划算的。新增加一个数也很简单，把需要增加的数放到队尾即q[tail]之后再tail++就OK啦。

我们来小结一下，在队首删除一个数的操作是head++;。

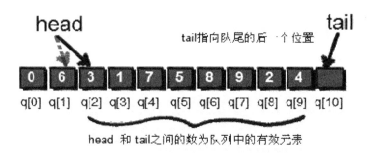

在队尾增加一个数（假设这个数是x）的操作是q[tail]=x;tail++;。

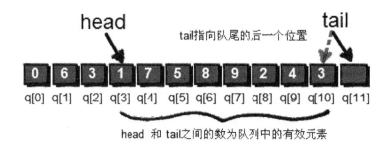

整个解密过程，请看下面这个霸气外漏的图。

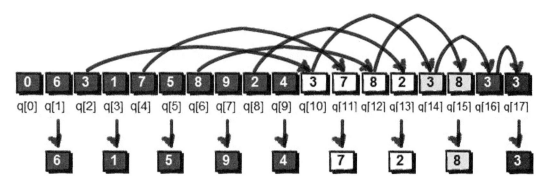

最后的输出就是 6 1 5 9 4 7 2 8 3，代码实现如下。

```c
#include <stdio.h>
int main()
{
    int q[102]={0,6,3,1,7,5,8,9,2,4},head,tail;
    //初始化队列
    head=1;
    tail=10; //队列中已经有9个元素了，tail指向队尾的后一个位置
    while(head<tail) //当队列不为空的时候执行循环
    {
        //打印队首并将队首出队
        printf("%d ",q[head]);
        head++;

        //先将新队首的数添加到队尾
        q[tail]=q[head];
        tail++;
        //再将队首出队
        head++;
    }

    getchar();getchar();
    return 0;
}
```

怎么样，上面的代码运行成功没有？现在我们再来总结一下队列的概念。队列是一种特殊的线性结构，它只允许在队列的首部（head）进行删除操作，这称为"出队"，而在队列的尾部（tail）进行插入操作，这称为"入队"。当队列中没有元素时（即 head==tail），称为空队列。在我们的日常生活中有很多情况都符合队列的特性。比如我们之前提到过的买票，每个排队买票的窗口就是一个队列。在这个队列当中，新来的人总是站在队列的最后面，来得越早的人越靠前，也就越早能买到票，就是先来的人先服务，我们称为"先进先出"（First In First Out，FIFO）原则。

队列将是我们今后学习广度优先搜索以及队列优化的 Bellman-Ford 最短路算法的核心数据结构。所以现在将队列的三个基本元素（一个数组，两个变量）封装为一个结构体类型，如下。

```
struct queue
{
    int data[100];//队列的主体,用来存储内容
    int head;//队首
    int tail;//队尾
};
```

上面定义了一个结构体类型,我们通常将其放在 main 函数的外面,请注意结构体的定义末尾有个;号。struct 是结构体的关键字,queue 是我们为这个结构体起的名字。这个结构体有三个成员分别是:整型数组 data、整型 head 和整型 tail。这样我们就可以把这三个部分放在一起作为一个整体来对待。你可以这么理解:我们定义了一个新的数据类型,这个新类型非常强大,用这个新类型定义出的每一个变量可以同时存储一个整型数组和两个整数。

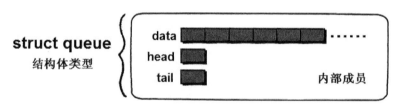

有了新的结构体类型,如何定义结构体变量呢?很简单,这与我们之前定义变量的方式是一样的,具体做法如下。

```
struct queue q;
```

请注意 struct queue 需要整体使用,不能直接写 queue q;。这样我们就定义了一个结构体变量 q。这个结构体变量就可以满足队列的所有操作了。那又该如何访问结构体变量的内部成员呢?可以使用.号,它叫做成员运算符或者点号运算符,如下:

```
q.head=1;
q.tail=1;
scanf("%d",&q.data[q.tail]);
```

好了,下面这段代码就是使用结构体来实现的队列操作。

```
#include <stdio.h>
struct queue
{
    int data[100];//队列的主体,用来存储内容
    int head;//队首
```

```
        int tail;//队尾
};

int main()
{
    struct queue q;
    int i;
    //初始化队列
    q.head=1;
    q.tail=1;
    for(i=1;i<=9;i++)
    {
        //依次向队列插入9个数
        scanf("%d",&q.data[q.tail]);
        q.tail++;
    }
    
    while(q.head<q.tail)  //当队列不为空的时候执行循环
    {
        //打印队首并将队首出队
        printf("%d ",q.data[q.head]);
        q.head++;
        
        //先将新队首的数添加到队尾
        q.data[q.tail]=q.data[q.head];
        q.tail++;
        //再将队首出队
        q.head++;
    }
    
    getchar();getchar();
    return 0;
}
```

上面的这种写法看起来虽然冗余了一些，但是可以加强你对队列这个算法的理解。C++的 STL 库已经有队列的实现，有兴趣的同学可以参看相关材料。队列的起源已经无法追溯。在还没有数字计算机之前，数学应用中就已经有对队列的记载了。我们生活中队列的例子也比比皆是，比如排队买票，又或者吃饭时候用来排队等候的叫号机，又或者拨打银行客服选择人工服务时，每次都会被提示"客服人员正忙，请耐心等待"，因为客服人员太少了，拨打电话的客户需要按照打进的时间顺序进行等候等等。这里表扬一下肯德基的宅急送,没有做广告的嫌疑啊,每次一打就通,基本不需要等待。但是我每次打银行的客服(具体是哪家银行就不点名了)基本都要等待很长时间,总是告诉我"正在转接,请稍候",嘟嘟嘟三声后就变成"客服正忙,请耐心等待!"然后就给我放很难听的曲子。看来钱在谁那里谁就是老大啊……

## 第 2 节　解密回文——栈

上一节中我们学习了队列,它是一种先进先出的数据结构。还有一种是后进先出的数据结构,它叫做栈。栈限定为只能在一端进行插入和删除操作。比如说有一个小桶,小桶的直径只能放一个小球,我们现在小桶内依次放入 2、1、3 号小球。假如你现在需要拿出 2 号小球,那就必须先将 3 号小球拿出,再拿出 1 号小球,最后才能将 2 号小球拿出来。在刚才取小球的过程中,我们最先放进去的小球最后才能拿出来,最后放进去的小球却可以最先拿出来。

生活中也有很多这样的例子，比如我们在吃桶装薯片的时候，要想吃掉最后一片，就必须把前面的全部吃完（貌似现在的桶装薯片为了减少分量，在桶里面增加了一个透明的抽屉）；再比如浏览网页的时候需要退回到之前的某个网页，我们需要一步步地点击后退键。还有手枪的弹夹，在装子弹的时候，最后装入的那发子弹，是被第一个打出去的。栈的实现也很简单，只需要一个一维数组和一个指向栈顶的变量 top 就可以了。我们通过 top 来对栈进行插入和删除操作。

栈究竟有哪些作用呢？我们来看一个例子。"xyzyx"是一个回文字符串，所谓回文字符串就是指正读反读均相同的字符序列，如"席主席"、"记书记"、"aha"和"ahaha"均是回文，但"ahah"不是回文。通过栈这个数据结构我们将很容易判断一个字符串是否为回文。

首先我们需要读取这行字符串，并求出这个字符串的长度。

```
char a[101];
int len;
gets(a);
len=strlen(a);
```

如果一个字符串是回文的话，那么它必须是中间对称的，我们需要求中点，即：

```
mid=len/2-1;
```

接下来就轮到栈出场了。

我们先将 mid 之前的字符全部入栈。因为这里的栈是用来存储字符的，所以这里用来实现栈的数组类型是字符数组即 char s[101];，初始化栈很简单，top=0;就可以了。入栈的操作是 top++; s[top]=x;（假设需要入栈的字符暂存在字符变量 x 中），其实可以简写为 s[++top]=x;。

现在我们就来将 mid 之前的字符依次全部入栈。

```
for(i=0;i<=mid;i++)
{
    s[++top]=a[i];
}
```

接下来进入判断回文的关键步骤。将当前栈中的字符依次出栈，看看是否能与 mid 之后的字符一一匹配，如果都能匹配则说明这个字符串是回文字符串，否则这个字符串就不是回文字符串。

```
for(i=mid+1;i<=len-1;i++)
{
    if (a[i]!=s[top])
    {
        break;
    }
    top--;
}
if(top==0)
    printf("YES");
else
    printf("NO");
```

最后如果 top 的值为 0，就说明栈内所有的字符都被一一匹配了，那么这个字符串就是回文字符串。完整的代码如下。

```
#include <stdio.h>
#include <string.h>
int main()
{
    char a[101],s[101];
    int i,len,mid,next,top;

    gets(a); //读入一行字符串
    len=strlen(a); //求字符串的长度
    mid=len/2-1; //求字符串的中点

    top=0;//栈的初始化
    //将mid前的字符依次入栈
    for(i=0;i<=mid;i++)
        s[++top]=a[i];

    //判断字符串的长度是奇数还是偶数，并找出需要进行字符匹配的起始下标
    if(len%2==0)
        next=mid+1;
    else
        next=mid+2;

    //开始匹配
    for(i=next;i<=len-1;i++)
```

```
        {
            if(a[i]!=s[top])
                break;
            top--;
        }

        //如果top的值为0,则说明栈内所有的字符都被一一匹配了
        if(top==0)
            printf("YES");
        else
            printf("NO");

        getchar();getchar();
        return 0;
}
```

可以输入以下数据进行验证。

ahaha

运行结果是:

YES

栈还可以用来进行验证括号的匹配。在编程当中我们只会用到三种括号:圆括号(),方括号[]和花括号{},编译器在编译的时候会检查括号是否匹配正确。例如{[()]}、{[]()}{}都是合法的匹配。但是([)]则是不合法的匹配。请编写一个程序来判断输入的括号序列是否合法。

栈最早由 Alan M. Turing(艾伦·图灵)于 1946 年提出,当时是为了解决子程序的调用和返回。艾伦·图灵这个大帅哥可是个大牛人,图灵奖就是以他的名字命名的。如果你对他感兴趣不妨去读一读《艾伦·图灵传:如谜的解谜者》和《图灵的秘密》。

## 第 3 节　纸牌游戏——小猫钓鱼

星期天小哼和小哈约在一起玩桌游,他们正在玩一个非常古怪的扑克游戏——"小猫钓鱼"。游戏的规则是这样的:将一副扑克牌平均分成两份,每人拿一份。小哼先拿出手中的第一张扑克牌放在桌上,然后小哈也拿出手中的第一张扑克牌,并放在小哼刚打出的扑克牌的上面,就像这样两人交替出牌。出牌时,如果某人打出的牌与桌上某张牌的牌面相同,即

可将两张相同的牌及其中间所夹的牌全部取走，并依次放到自己手中牌的末尾。当任意一人手中的牌全部出完时，游戏结束，对手获胜。

假如游戏开始时，小哼手中有 6 张牌，顺序为 2 4 1 2 5 6，小哈手中也有 6 张牌，顺序为 3 1 3 5 6 4，最终谁会获胜呢？现在你可以拿出纸牌来试一试。接下来请你写一个程序来自动判断谁将获胜。这里我们做一个约定，小哼和小哈手中牌的牌面只有 1~9。

我们先来分析一下这个游戏有哪几种操作。小哼有两种操作，分别是出牌和赢牌。这恰好对应队列的两个操作，出牌就是出队，赢牌就是入队。小哈的操作和小哼是一样的。而桌子就是一个栈，每打出一张牌放到桌上就相当于入栈。当有人赢牌的时候，依次将牌从桌上拿走，这就相当于出栈。那如何解决赢牌的问题呢？赢牌的规则是：如果某人打出的牌与桌上的某张牌相同，即可将两张牌以及中间所夹的牌全部取走。那如何知道桌上已经有哪些牌了呢？最简单的方法就是枚举桌上的每一张牌，当然也有更好的办法我们待会再说。OK，小结一下，我们需要两个队列、一个栈来模拟整个游戏。

首先我们先来创建一个结构体用来实现队列，如下。

```
struct queue
{
    int data[1000];
    int head;
    int tail;
};
```

上面代码中 head 用来存储队头，tail 用来存储队尾。数组 data 用来存储队列中的元素，数组 data 的大小我预设为 1000，其实应该设置得更大一些，以防数组越界。当然对于本题的数据来说 1000 已经足够了。

再创建一个结构体用来实现栈，如下。

```
struct stack
{
    int data[10];
    int top;
};
```

其中 top 用来存储栈顶，数组 data 用来存储栈中的元素，大小设置为 10。因为只有 9 种不同的牌面，所以桌上最多可能有 9 张牌，因此数组大小设置为 10 就够了。提示一下：为什么不设置为 9 呢？因为 C 语言数组下标是从 0 开始的。

接下来我们需要定义两个队列变量 q1 和 q2。q1 用来模拟小哼手中的牌，q2 用来模拟小哈手中的牌。定义一个栈变量 s 用来模拟桌上的牌。

```
struct queue q1,q2;
struct stack s;
```

接下来来初始化一下队列和栈。

```
//初始化队列q1和q2为空,此时两人手中都还没有牌
q1.head=1; q1.tail=1;
q2.head=1; q2.tail=1;
//初始化栈s为空,最开始的时候桌上也没有牌
s.top=0;
```

接下来需要读入小哼和小哈最初时手中的牌，分两次读入，每次读入 6 个数，分别插入 q1 和 q2 中。

```
//先读入6张牌,放到小哼手上
for(i=1;i<=6;i++)
{
    scanf("%d",&q1.data[q1.tail]); //读入一个数到队尾
    q1.tail++;//队尾往后挪一位
}
//再读入6张牌,放到小哈手上
```

```
for(i=1;i<=6;i++)
{
    scanf("%d",&q2.data[q2.tail]);  //读入一个数到队尾
    q2.tail++;//队尾往后挪一位
}
```

现在准备工作已经基本上做好了,游戏正式开始,小哼先出牌。

```
t=q1.data[q1.head];  //小哼先亮出一张牌
```

小哼打出第一张牌,也就是 q1 的队首,我们将这张牌存放在临时变量 t 中。接下来我们要判断小哼当前打出的牌是否能赢得桌上的牌。也就是判断桌上的牌与 t 有没有相同的,如何实现呢?我们需要枚举桌上的每一张牌与 t 进行比对,具体如下:

```
flag=0;
for(i=1;i<=s.top;i++)
{
    if(t==s.data[i]) { flag=1; break; }
}
```

如果 flag 的值为 0 就表明小哼没能赢得桌上的牌,将打出的牌留在桌上。

```
if(flag==0)
{
    //小哼此轮没有赢牌
    q1.head++;  //小哼已经打出一张牌,所以要把打出的牌出队
    s.top++;
    s.data[s.top]=t;  //再把打出的牌放到桌上,即入栈
}
```

如果 flag 的值为 1 就表明小哼可以赢得桌上的牌,需要将赢得的牌依次放入小哼的手中。

```
if(flag==1)
{
    //小哼此轮可以赢牌
    q1.head++;//小哼已经打出一张牌,所以要把打出的牌出队
    q1.data[q1.tail]=t;  //因为此轮可以赢牌,所以紧接着把刚才打出的牌又放到手中牌的
                        //末尾
    q1.tail++;
    while(s.data[s.top]!=t)  //把桌上可以赢得的牌(从当前桌面最顶部一张牌开始取,
                            //直至取到与打出的牌相同为止)依次放到手中牌的末尾
```

```
        {
            q1.data[q1.tail]=s.data[s.top];  //依次放入队尾
            q1.tail++;
            s.top--;  //栈中少了一张牌,所以栈顶要减1
        }
    }
```

小哼出牌的所有阶段就模拟完了,小哈出牌和小哼出牌是一样的。接下来我们要判断游戏如何结束。即只要两人中有一个人的牌用完了游戏就结束了。因此需要在模拟两人出牌代码的外面加一个 while 循环来判断,如下。

```
while(q1.head<q1.tail && q2.head<q2.tail )  //当队列q1和q2都不为空的时候执行循环
```

最后一步,输出谁最终赢得了游戏,以及游戏结束后获胜者手中的牌和桌上的牌。如果小哼获胜了那么小哈的手中一定没有牌了(队列 q2 为空),即 q2.head==q2.tail,具体输出如下。

```
if(q2.head==q2.tail)
{
    printf("小哼win\n");
    printf("小哼当前手中的牌是");
    for(i=q1.head;i<=q1.tail-1;i++)
        printf(" %d",q1.data[i]);
    if(s.top>0)  //如果桌上有牌则依次输出桌上的牌
    {
        printf("\n桌上的牌是");
        for(i=1;i<=s.top;i++)
            printf(" %d",s.data[i]);
    }
    else
    {
        printf("\n桌上已经没有牌了");
    }
}
```

反之,小哈获胜,代码的实现也是差不多的,就不再赘述了。到此,所有的代码实现就都讲完了。

在上面我们讲解的所有实现中,每个人打出一张牌后,判断能否赢牌这一点可以优化。之前我们是通过枚举桌上的每一张牌来实现的,即用了一个 for 循环来依次判断桌上的每一张牌是否与打出的牌相等。其实有更好的办法来解决这个问题,就是用一个数组来记录桌上有哪些牌。因为牌面只有 1~9，因此只需开一个大小为 10 的数组来记录当前桌上已经有哪些牌面就可以了。

```
int book[10];
```

这里我再一次使用了 book 这个单词，因为这个单词有记录、登记的意思，而且单词拼写简洁。另外很多国外的算法书籍在处理需要标记问题的时候也都使用 book 这个单词，因此我这里就沿用了。当然你也可以使用 mark 等你自己觉得好理解的单词啦。下面需要将数组 book[1]~book[9]初始化为 0，因为刚开始桌面上一张牌也没有。

```
for(i=1;i<=9;i++)
    book[i]=0;
```

接下来，如果桌面上增加了一张牌面为 2 的牌，那就需要将 book[2]设置为 1，表示牌面为 2 的牌桌上已经有了。当然如果这张牌面为 2 的牌被拿走后，需要及时将 book[2]重新设置为 0，表示桌面上已经没有牌面为 2 的牌了。这样一来，寻找桌上是否有与打出的牌牌面相同的牌，就不需要再循环枚举桌面上的每一张牌了，而只需用一个 if 判断即可。这一点是不是有点像第 1 章第 1 节的桶排序的方法呢？具体如下。

```
t=q1.data[q1.head]; //小哼先亮出一张牌
if(book[t]==0) // 表明桌上没有牌面为t的牌
{
    //小哼此轮没有赢牌
    q1.head++; //小哼已经打出一张牌，所以要把打出的牌出队
    s.top++;
    s.data[s.top]=t; //再把打出的牌放到桌上，即入栈
    book[t]=1; //标记桌上现在已经有牌面为t的牌
}
```

OK，算法的实现讲完了，下面给出完整的代码，如下：

```
#include <stdio.h>
struct queue
{
    int data[1000];
    int head;
    int tail;
};

struct stack
{
```

```c
        int data[10];
        int top;
};

int main()
{
    struct queue q1,q2;
    struct stack s;
    int book[10];
    int i,t;

    //初始化队列
    q1.head=1; q1.tail=1;
    q2.head=1; q2.tail=1;
    //初始化栈
    s.top=0;
    //初始化用来标记的数组,用来标记哪些牌已经在桌上
    for(i=1;i<=9;i++)
        book[i]=0;

    //依次向队列插入6个数
    //小哼手上的6张牌
    for(i=1;i<=6;i++)
    {
        scanf("%d",&q1.data[q1.tail]);
        q1.tail++;
    }
    //小哈手上的6张牌
    for(i=1;i<=6;i++)
    {
        scanf("%d",&q2.data[q2.tail]);
        q2.tail++;
    }
    while(q1.head<q1.tail && q2.head<q2.tail )  //当队列不为空的时候执行循环
    {
        t=q1.data[q1.head];//小哼出一张牌
        //判断小哼当前打出的牌是否能赢牌
        if(book[t]==0) //表明桌上没有牌面为t的牌
        {
            //小哼此轮没有赢牌
            q1.head++;  //小哼已经打出一张牌,所以要把打出的牌出队
            s.top++;
            s.data[s.top]=t;  //再把打出的牌放到桌上,即入栈
```

```c
            book[t]=1;  //标记桌上现在已经有牌面为t的牌
        }
        else
        {
            //小哼此轮可以赢牌
            q1.head++;//小哼已经打出一张牌,所以要把打出的牌出队
            q1.data[q1.tail]=t;//紧接着把打出的牌放到手中牌的末尾
            q1.tail++;
            while(s.data[s.top]!=t)  //把桌上可以赢得的牌依次放到手中牌的末尾
            {
               book[s.data[s.top]]=0;//取消标记
                q1.data[q1.tail]=s.data[s.top];//依次放入队尾
                q1.tail++;
                s.top--;  //栈中少了一张牌,所以栈顶要减1
            }
            //收回桌上牌面为t的牌
            book[s.data[s.top]]=0;
            q1.data[q1.tail]=s.data[s.top];
            q1.tail++;
            s.top--;
        }
        if(q1.head==q1.tail) break;//小哼手中的牌如果已经打完,游戏结束

        t=q2.data[q2.head];  //小哈出一张牌
        //判断小哈当前打出的牌是否能赢牌
        if(book[t]==0)  //表明桌上没有牌面为t的牌
        {
            //小哈此轮没有赢牌
            q2.head++;  //小哈已经打出一张牌,所以要把打出的牌出队
            s.top++;
            s.data[s.top]=t;  //再把打出的牌放到桌上,即入栈
            book[t]=1;  //标记桌上现在已经有牌面为t的牌
        }
        else
        {
            //小哈此轮可以赢牌
            q2.head++;//小哈已经打出一张牌,所以要把打出的牌出队
            q2.data[q2.tail]=t;//紧接着把打出的牌放到手中牌的末尾
            q2.tail++;
            while(s.data[s.top]!=t)  //把桌上可以赢得的牌依次放到手中牌的末尾
            {
                book[s.data[s.top]]=0;//取消标记
                q2.data[q2.tail]=s.data[s.top];//依次放入队尾
```

```c
                q2.tail++;
                s.top--;
            }
            //收回桌上牌面为t的牌
            book[s.data[s.top]]=0;
            q2.data[q2.tail]=s.data[s.top];
            q2.tail++;
            s.top--;
        }
    }
    
    if(q2.head==q2.tail)
    {
        printf("小哼win\n");
        printf("小哼当前手中的牌是");
        for(i=q1.head;i<=q1.tail-1;i++)
            printf(" %d",q1.data[i]);
        if(s.top>0)  //如果桌上有牌则依次输出桌上的牌
        {
            printf("\n桌上的牌是");
            for(i=1;i<=s.top;i++)
                printf(" %d",s.data[i]);
        }
        else
            printf("\n桌上已经没有牌了");
    }
    else
    {
        printf("小哈win\n");
        printf("小哈当前手中的牌是");
        for(i=q2.head;i<=q2.tail-1;i++)
            printf(" %d",q2.data[i]);
        if(s.top>0)  //如果桌上有牌则依次输出桌上的牌
        {
            printf("\n桌上的牌是");
            for(i=1;i<=s.top;i++)
                printf(" %d",s.data[i]);
        }
        else
            printf("\n桌上已经没有牌了");
    }
    
    getchar();getchar();
```

```
        return 0;
}
```

可以输入以下数据进行验证。

```
2 4 1 2 5 6
3 1 3 5 6 4
```

运行结果是:

```
小哈win
小哈当前手中的牌是 1 6 5 2 3 4 1
桌上的牌是 3 4 5 6 2
```

接下来你需要自己设计一些测试数据来检验你的程序。在设计测试数据的时候你要考虑各种情况，包括各种极端情况。通过设计测试数据来检测我们的程序是否"健壮"是非常重要的，如果你的程序可以通过任何一组测试数据，才表示你的程序是完全正确的。

如果你设计一些测试数据来验证的话，会发现我们刚才的代码其实还是有问题的。比如游戏可能无法结束。就是小哼和小哈可以永远玩下去，谁都无法赢得对方所有的牌。请你自己想一想如何解决游戏无法结束的问题。

## 第 4 节　链表

在存储一大波数的时候，我们通常使用的是数组，但有时候数组显得不够灵活，比如下面这个例子。

有一串已经从小到大排好序的数 2 3 5 8 9 10 18 26 32。现需要往这串数中插入 6 使其得到的新序列仍符合从小到大排列。如我们使用数组来实现这一操作，则需要将 8 和 8 后面的数都依次往后挪一位，如下：

将8和8后面的数依次往后挪一位后得到的结果，如下

这样操作显然很耽误时间，如果使用链表则会快很多。那什么是链表呢？请看下图。

此时如果需要在 8 前面插入一个 6，就只需像下图这样更改一下就可以了，而无需再将 8 及后面的数都依次往后挪一位。是不是很节省时间呢？

那么如何实现链表呢？在 C 语言中可以使用指针和动态分配内存函数 malloc 来实现。指针？天啊！如果你在学习 C 语言的时候没有搞懂指针，或者还不知道指针是啥，不要紧，我们现在就回顾一下指针。指针其实超级简单。如果你已经对指针和 malloc 了如指掌则可以跳过下面这一小段，继续往后看。

先看下面两行语句。

```
int a;
int *p;
```

第一行我们很熟悉了，就是定义一个整型变量 a。第二行你会发现在 p 前面多了一个*号，这就表示定义了一个整型指针变量 p。即定义一个指针，只需在变量前面加一个*号就 OK 啦。

接下来，指针有什么作用呢？答案是：存储一个地址。确切地说是存储一个内存空间的地址，比如说整型变量 a 的地址。严格地说这里的指针 p 也只能存储"一个存放整数的内存空间"的地址，因为在定义的时候我们已经限制了这一点（即定义的时候*p 的前面是 int）。当然你也可以定义一个只能用来存储"一个存放浮点数的内存空间"的地址，例如：

```
double *p;
```

简单地说，指针就是用来存储地址的。你可能要问：不就是存储地址嘛，地址不都一样吗，为什么还要分不同类型的指针呢？不要着急，待会后面再解释。接下来需要解决的一个问题：整型指针 p 如何才能存储整型变量 a 的地址呢？很简单，如下：

```
p=&a;
```

&这个符号很熟悉吧，就是经常在 scanf 函数中用到的&。&叫取地址符。这样整型指针 p 就获得了（存储了）整型变量 a 的地址，我们可以形象地理解整型指针 p 指向了整型变量

a。p 指向了 a 之后，有什么用呢？用处就是我们可以用指针 p 来操作变量 a 了。比如我们可以通过操作指针 p 来输出变量 a 的值，如下：

```c
#include <stdio.h>
int main()
{
    int a=10;
    int *p; //定义一个指针p
    p=&a; //指针p获取变量a的地址
    printf("%d",*p); //输出指针p所指向的内存中的值

    getchar();getchar();
    return 0;
}
```

运行结果是：

```
10
```

这里 printf 语句里面*p 中的*号叫做间接访问运算符，作用是取得指针 p 所指向的内存中的值。在 C 语言中*号有三个用途，分别是：

1. 乘号，用做乘法运算，例如 5*6。
2. 声明一个指针变量，在定义指针变量时使用，例如 int *p;。
3. 间接访问运算符，取得指针所指向的内存中的值，例如 printf("%d",*p);。

到目前为止，你可能还是觉得指针没啥子实际作用，好好的变量 a 想输出是的话直接 printf("%d",a); 不完了，没事搞个什么指针啊，多此一举。嗯，到目前为止貌似是这样的 O(∩_∩)O 哈哈~~不要着急，真枪实弹地来了。

回想一下，我们想在程序中存储一个整数 10，除了使用 int a;这种方式在内存中申请一块区域来存储，还有另外一种动态存储方法。

```c
malloc(4);
```

malloc 函数的作用就是从内存中申请分配指定字节大小的内存空间。上面这行代码就申请了 4 个字节。如果你不知道 int 类型是 4 个字节的，还可以使用 sizeof(int)获取 int 类型所占用的字节数，如下：

```c
malloc(sizeof(int));
```

现在你已经成功地从内存中申请了 4 个字节的空间来准备存放一个整数，可是如何来对这个空间进行操作呢？这里我们就需要用一个指针来指向这个空间，即存储这个空间的首地址。

```
int *p;
p=(int *)malloc(sizeof(int));
```

需要注意，malloc 函数的返回类型是 void * 类型。void * 表示未确定类型的指针。在 C 和 C++中，void * 类型可以强制转换为任何其他类型的指针。上面代码中我们将其强制转化为整型指针，以便告诉计算机这里的 4 个字节作为一个整体用来存放整数。还记得我们之前遗留了一个问题：指针就是用来存储内存地址的，为什么要分不同类型的指针呢？因为指针变量存储的是一个内存空间的首地址（第一个字节的地址），但是这个空间占用了多少个字节，用来存储什么类型的数，则是由指针的类型来标明的。这样系统才知道应该取多少个连续内存作为一个数据。

OK，现在我们可以通过指针 p 对刚才申请的 4 个字节的空间进行操作了，例如我们向这个空间中存入整数 10，如下：

```
*p=10;
```

完整代码如下，注意当在程序中使用 malloc 函数时需要用到 stdlib.h 头文件。

```
#include <stdio.h>
#include <stdlib.h>
int main()
{
    int *p; //定义一个指针p
    p=(int *)malloc(sizeof(int)); //指针p获取动态分配的内存空间地址
    *p=10; //向指针p所指向的内存空间中存入10
    printf("%d",*p); //输出指针p所指向的内存中的值
    
    getchar();getchar();
    return 0;
}
```

运行结果是：

```
10
```

到这里你可能要问：为什么要用这么复杂的办法来存储数据呢？因为之前的方法，我们必须预先准确地知道所需变量的个数，也就是说我们必须定义出所有的变量。比如我们定义了100个整型变量，那么程序就只能存储100个整数，如果现在的实际情况是需要存储101个，那必须修改程序才可以。如果有一天你写的软件已经发布或者交付使用，却发现要存储1000个数才行，那就不得不再次修改程序，重新编译程序，发布一个新版本来代替原来的。而有了malloc函数我们便可以在程序运行的过程中根据实际情况来申请空间。

啰嗦了半天，总算介绍完了什么是指针以及如何动态申请空间。注意，本节接下来的代码对于还没有理解指针的朋友来说可能不太容易，不要紧，如果你痛恨指针，大可直接跳过下面的内容直接进入下一节。下一节中我将介绍链表的另外一种实现方式——数组模拟链表。

首先我们来看一下，链表中的每一个结点应该如何存储。

2 ➔ 3 ➔ 5 ➔ 8 ➔ 9 ➔ 10 ➔ 18 ➔ 26 ➔ 32

每一个结点都由两个部分组成。左边的部分用来存放具体的数值，那么用一个整型变量就可以；右边的部分需要存储下一个结点的地址，可以用指针来实现（也称为后继指针）。这里我们定义一个结构体类型来存储这个结点，如下。

```
struct node
{
    int data;
    struct node *next;
};
```

上面代码中，我们定义了一个叫做 node 的结构体类型，这个结构体类型有两个成员。第一个成员是整型 data，用来存储具体的数值；第二个成员是一个指针，用来存储下一个结点的地址。因为下一个结点的类型也是 struct node，所以这个指针的类型也必须是 struct node * 类型的指针。

如何建立链表呢？首先我们需要一个头指针 head 指向链表的最开始。当链表还没有建立的时候头指针 head 为空（也可以理解为指向空结点）。

```
struct node *head;
head = NULL;//头指针初始为空
```

## 第 2 章 栈、队列、链表

现在我们来创建第一个结点，并用临时指针 p 指向这个结点。

```
struct node *p;
//动态申请一个空间，用来存放一个结点，并用临时指针p指向这个结点
p=(struct node *)malloc(sizeof(struct node));
```

接下来分别设置新创建的这个结点的左半部分和右半部分。

```
scanf("%d",&a);
p->data=a;//将数据存储到当前结点的data域中
p->next=NULL;//设置当前结点的后继指针指向空，也就是当前结点的下一个结点为空
```

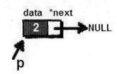

上面的代码中我们发现了一个很奇怪的符号"->"。->叫做结构体指针运算符，也是用来访问结构体内部成员的。因为此处 p 是一个指针，所以不能使用.号访问内部成员，而要使用->。

下面来设置头指针并设置新创建结点的*next 指向空。头指针的作用是方便以后从头遍历整个链表。

```
if(head==NULL)
    head=p;//如果这是第一个创建的结点，则将头指针指向这个结点
else
    q->next=p;//如果不是第一个创建的结点，则将上一个结点的后继指针指向当前结点
```

如果这是第一个创建的结点，则将头指针指向这个结点。

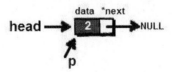

如果不是第一个创建的结点，则将上一个结点的后继指针指向当前结点。

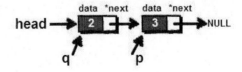

最后要将指针 q 也指向当前结点,因为待会儿临时指针 p 将会指向新创建的结点。

```
q=p;//指针q也指向当前结点
```

完整代码如下。

```c
#include <stdio.h>
#include <stdlib.h>
//这里创建一个结构体用来表示链表的结点类型
struct node
{
    int data;
    struct node *next;
};

int main()
{
    struct node *head,*p,*q,*t;
    int i,n,a;
    scanf("%d",&n);
    head = NULL;//头指针初始为空
    for(i=1;i<=n;i++)//循环读入n个数
    {
        scanf("%d",&a);
        //动态申请一个空间,用来存放一个结点,并用临时指针p指向这个结点
        p=(struct node *)malloc(sizeof(struct node));
        p->data=a;//将数据存储到当前结点的data域中
        p->next=NULL;//设置当前结点的后继指针指向空,也就是当前结点的下一个结点为空
        if(head==NULL)
            head=p;//如果这是第一个创建的结点,则将头指针指向这个结点
        else
            q->next=p;//如果不是第一个创建的结点,则将上一个结点的后继指针指向当前结点

        q=p;//指针q也指向当前结点
    }

    //输出链表中的所有数
    t=head;
    while(t!=NULL)
    {
```

```
        printf("%d ",t->data);
        t=t->next;//继续下一个结点
    }
    getchar();getchar();
    return 0;
}
```

需要说明的一点是：上面这段代码没有释放动态申请的空间，虽然没有错误，但是这样会很不安全，有兴趣的朋友可以去了解一下 free 命令。

可以输入以下数据进行验证。

```
9
2 3 5 8 9 10 18 26 32
```

运行结果是：

```
2 3 5 8 9 10 18 26 32
```

接下来需要往链表中插入 6，操作如下。

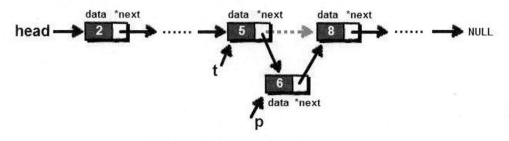

首先用一个临时指针 t 从链表的头部开始遍历。

```
t=head;//从链表头部开始遍历
```

等到指针 t 的下一个结点的值比 6 大的时候，将 6 插入到中间。即 t->next->data 大于 6 时进行插入，代码如下。

```
scanf("%d",&a);//读入待插入的数
while(t!=NULL)//当没有到达链表尾部的时候循环
{
    if(t->next==NULL || t->next->data > a)
    //如果当前结点是最后一个节点或者下一个结点的值大于待插入数的时候插入
```

```
            {
                p=(struct node *)malloc(sizeof(struct node));
                //动态申请一个空间，用来存放新增结点
                p->data=a;
                p->next=t->next;//新增结点的后继指针指向当前结点的后继指针所指向的结点
                t->next=p;//当前结点的后继指针指向新增结点
                break;//插入完毕退出循环
            }
            t=t->next;//继续下一个结点
}
```

完整代码如下。

```
#include <stdio.h>
#include <stdlib.h>

//这里创建一个结构体用来表示链表的结点类型
struct node
{
    int data;
    struct node *next;
};

int main()
{
    struct node *head,*p,*q,*t;
    int i,n,a;
    scanf("%d",&n);
    head = NULL;//头指针初始为空
    for(i=1;i<=n;i++)//循环读入n个数
    {
        scanf("%d",&a);
        //动态申请一个空间，用来存放一个结点，并用临时指针p指向这个结点
        p=(struct node *)malloc(sizeof(struct node));
        p->data=a;//将数据存储到当前结点的data域中
        p->next=NULL;//设置当前结点的后继指针指向空，也就是当前结点的下一个结点为空
        if(head==NULL)
            head=p;//如果这是第一个创建的结点，则将头指针指向这个结点
        else
            q->next=p;//如果不是第一个创建的结点，则将上一个结点的后继指针指向当前结点
```

```
            q=p;//指针q也指向当前结点
        }

        scanf("%d",&a);//读入待插入的数
        t=head;//从链表头部开始遍历
        while(t!=NULL)//当没有到达链表尾部的时候循环
        {
            if(t->next==NULL || t->next->data > a)
            //如果当前结点是最后一个节点或者下一个结点的值大于待插入数的时候插入
            {
                p=(struct node *)malloc(sizeof(struct node));//动态申请一个空间,用来存放新增结点
                p->data=a;
                p->next=t->next;//新增结点的后继指针指向当前结点的后继指针所指向的结点
                t->next=p;//当前结点的后继指针指向新增结点
                break;//插入完毕退出循环
            }
            t=t->next;//继续下一个结点
        }

        //输出链表中的所有数
        t=head;
        while(t!=NULL)
        {
            printf("%d ",t->data);
            t=t->next;//继续下一个结点
        }

        getchar();getchar();
        return 0;
}
```

可以输入以下数据进行验证。

```
9
2 3 5 8 9 10 18 26 32
6
```

运行结果是:

```
2 3 5 6 8 9 10 18 26 32
```

## 第 5 节　模拟链表

如果你觉得上一节的代码简直是天书，或者你压根就很讨厌指针这些东西，没关系！链表还有另外一种使用数组来实现的方式，叫做模拟链表，我们一起来看看。

链表中的每一个结点只有两个部分。我们可以用一个数组 data 来存储每序列中的每一个数。那每一个数右边的数是谁，这一点该怎么解决呢？上一节中是使用指针来解决的，这里我们只需再用一个数组 right 来存放序列中每一个数右边的数是谁就可以了，具体怎么做呢？

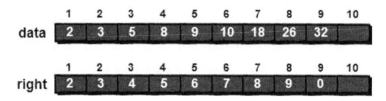

上图的两个数组中，第一个整型数组 data 是用来存放序列中具体数字的，另外一个整型数组 right 是用来存放当前序列中每一个元素右边的元素在数组 data 中位置的。例如 right[1] 的值为 2，就表示当前序列中 1 号元素右边的元素存放在 data[2] 中；如果是 0，例如 right[9] 的值为 0，就表示当前序列中 9 号元素的右边没有元素。

现在需要在 8 前面插入一个 6，只需将 6 直接存放在数组 data 的末尾即 data[10]=6。接下来只需要将 right[3] 改为 10，表示新序列中 3 号元素右边的元素存放在 data[10] 中。再将 right[10] 改为 4，表示新序列中 10 号元素右边的元素存放在 data[4] 中。这样我们通过 right 数组就可以从头到尾遍历整个序列了（序列的每个元素的值存放在对应的数组 data 中），如下。

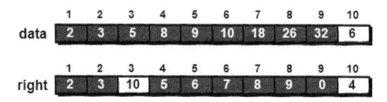

完整的代码实现如下。

```
#include <stdio.h>
int main()
{
    int data[101],right[101];
```

```c
int i,n,t,len;
//读入已有的数
scanf("%d",&n);
for(i=1;i<=n;i++)
    scanf("%d",&data[i]);
len=n;
//初始化数组right
for(i=1;i<=n;i++)
{
    if(i!=n)
        right[i]=i+1;
    else
        right[i]=0;
}
//直接在数组data的末尾增加一个数
len++;
scanf("%d",&data[len]);

//从链表的头部开始遍历
t=1;
while(t!=0)
{
    if(data[right[t]]>data[len])//如果当前结点下一个结点的值大于待插入数,将数插入到中间
    {
        right[len]=right[t];//新插入数的下一个结点标号等于当前结点的下一个结点编号
        right[t]=len;//当前结点的下一个结点编号就是新插入数的编号
        break;//插入完成跳出循环
    }
    t=right[t];
}
//输出链表中所有的数
t=1;
while(t!=0)
{
    printf("%d ",data[t]);
    t=right[t];
}
```

```
    getchar();
    getchar();
    return 0;
}
```

可以输入以下数据进行验证。

```
9
2 3 5 8 9 10 18 26 32
6
```

运行结果是:

```
2 3 5 6 8 9 10 18 26 32
```

使用模拟链表也可以实现双向链表和循环链表,大家可以自己来试一试。

# 第3章

# 枚举！很暴力

## 第 1 节 坑爹的奥数

枚举算法又叫做穷举算法,光听这名字是不是就觉得很暴力很暴力呢。首先还是从一个小学三年级的奥数题开始吧。

小哼在数学课上遇到一道奥数题是这样的,□3×6528=3□×8256,在两个□内填入相同的数字使得等式成立。你可能觉得这个太简单了!用 3 行代码就可以搞定。

```
for(i=1;i<=9;i++)
    if( (i*10+3)*6528 == (30+i)*8256 )
        printf("%d",i);
```

这就是最简单的枚举算法。枚举算法的基本思想就是"有序地去尝试每一种可能"。

现在小哼又遇到一个稍微复杂一点的奥数题,□□□+□□□=□□□,将数字 1~9 分别填入 9 个□中,每个数字只能使用一次使得等式成立。例如 173+286=459 就是一个合理的组合,请问一共有多少种合理的组合呢?注意:173+286=459 与 286+173=459 是同一种组合!

根据枚举思想我们只需要枚举每一位上所有可能的数就好了。没错就是酱紫的 O(∩_∩)O

```c
#include <stdio.h>
int main()
{
   int a,b,c,d,e,f,g,h,i,total=0;
   for(a=1;a<=9;a++)//第1个数的百位
   for(b=1;b<=9;b++)//第1个数的十位
   for(c=1;c<=9;c++)//第1个数的个位
   for(d=1;d<=9;d++)//第2个数的百位
   for(e=1;e<=9;e++)//第2个数的十位
   for(f=1;f<=9;f++)//第2个数的个位
   for(g=1;g<=9;g++)//第3个数的百位
   for(h=1;h<=9;h++)//第3个数的十位
   for(i=1;i<=9;i++)//第3个数的个位
   { //接下来要判断每一位上的数互不相等
      if(a!=b && a!=c && a!=d && a!=e && a!=f && a!=g && a!=h && a!=i
            && b!=c && b!=d && b!=e && b!=f && b!=g && b!=h && b!=i
                  && c!=d && c!=e && c!=f && c!=g && c!=h && c!=i
                        && d!=e && d!=f && d!=g && d!=h && d!=i
                              && e!=f && e!=g && e!=h && e!=i
                                    && f!=g && f!=h && f!=i
                                          && g!=h && g!=i
                                                && h!=i
                  && a*100+b*10+c+d*100+e*10+f==g*100+h*10+i)
      {
            total++;
            printf("%d%d%d+%d%d%d=%d%d%d\n",a,b,c,d,e,f,g,h,i);
      }
   }
   printf("total=%d",total/2);//请想一想为什么要除以2
   getchar();getchar();
   return 0;
}
```

注意因为 173+286=459 与 286+173=459 是同一种组合，因此我们在输出的时候需要将 total 除以 2。

我猜你刚刚看到这段代码一定有想骂人的冲动。如果以后都这样写代码那真是太变态了。特别是判断 a、b、c、d、e、f、g、h、i 这九个变量互不相等的部分真的是太坑人了。还有更好的方法来实现吗？当然！那就是我们第一章就学过的标记法！用一个 book 数组来解决互不相等的问题。请看下面这段代码。

```c
#include <stdio.h>
int main()
{
    int a[10],i,total=0,book[10],sum;
    //这里用a[1]~a[9]来代替刚才的a,b,c,d,e,f,g,h,i
    for(a[1]=1;a[1]<=9;a[1]++)
     for(a[2]=1;a[2]<=9;a[2]++)
      for(a[3]=1;a[3]<=9;a[3]++)
       for(a[4]=1;a[4]<=9;a[4]++)
        for(a[5]=1;a[5]<=9;a[5]++)
         for(a[6]=1;a[6]<=9;a[6]++)
          for(a[7]=1;a[7]<=9;a[7]++)
           for(a[8]=1;a[8]<=9;a[8]++)
            for(a[9]=1;a[9]<=9;a[9]++)
            {
                for(i=1;i<=9;i++)  //初始化book数组
                    book[i]=0;
                for(i=1;i<=9;i++)  //如果某个数出现过就标记一下
                    book[a[i]]=1;
```

```
        //统计共出现了多少个不同的数
        sum=0;
        for(i=1;i<=9;i++)
        sum+=book[i];
        //如果正好出现了9个不同的数,并且满足等式条件,则输出
        if( sum == 9 && a[1]*100 + a[2]*10 + a[3] + a[4]*100+a[5]*10
            + a[6] == a[7]*100 + a[8]*10 + a[9])
        {
         total++;
         printf("%d%d%d+%d%d%d=%d%d%d\n", a[1], a[2], a[3], a[4],
              a[5], a[6], a[7], a[8], a[9]);
        }
    }
    printf("total=%d",total/2);
    getchar();getchar();
    return 0;
}
```

上面这段代码中,为了方便标记哪些数出现过,我将循环变量a、b、c、d、e、f、g、h、i用一个一维数组a来代替,用book数组来标记1~9每个数是否出现过,默认为0,出现过的就设为1。然后我们只需要判断book数组中有多少个1就可以了。如果恰好有9个1则表示,1~9每个数都有且只出现过一次。你可能会说,这还是很坑人啊,有没有更好的方法呢?不要着急,我们将在第4章彻底地解决这个问题。现在还是先请看下一节——炸弹人的策略。

## 第2节 炸弹人

小哼最近爱上了"炸弹人"游戏。你还记得在小霸王游戏机上的炸弹人吗?用放置炸弹的方法来消灭敌人。须将画面上的敌人全部消灭后,并找到隐藏在墙里的暗门才能过关。

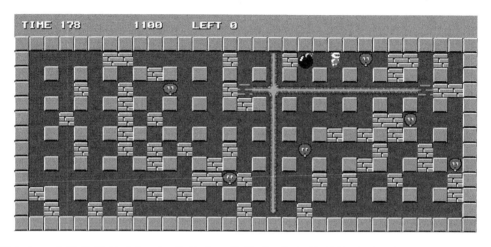

现在有一个特殊的关卡如下。你只有一枚炸弹,但是这枚炸弹威力超强(杀伤距离超长,可以消灭杀伤范围内所有的敌人)。请问在哪里放置炸弹才可以消灭最多的敌人呢。

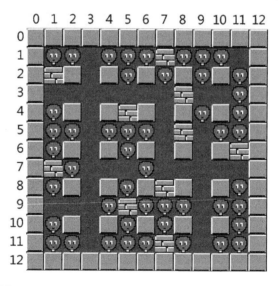

我们先将这个地图模型化。墙用 # 表示。这里有两种墙,一种是可以被炸掉的,另外一种是不能被炸掉的。但是由于现在只有一枚炸弹,所以都用 # 表示,炸弹是不能穿墙的。敌人用 G 表示,空地用 . 表示,当然炸弹只能放在空地上。

```
#############
#GG.GGG#GGG.#
###.#G#G#G#G#
#.......#..G#
#G#.###.#G#G#
#GG.GGG.#.GG#
#G#.#G#.#.###
##G...G.....#
#G#.#G###.#G#
#...G#GGG.GG#
#G#.#G#G#.#G#
#GG.GGG#G.GG#
#############
```

首先我们需要用一个二维字符数组来存储这个地图，至于将炸弹放置在哪一个点可以消灭的敌人最多，则需要一个个地来尝试。炸弹的爆炸方向是沿上下左右四个方向，因此我们在对每个点进行枚举的时候，需要沿着上下左右四个方向分别统计可以消灭敌人的数目。最终输出可以消灭敌人最多的那个点。请注意这里是从 0 行 0 列开始计算的。

请注意！本书中所说的坐标(x,y)指的就是第 x 行第 y 列，并不是数学中二维坐标系 x 轴 y 轴的坐标，这一点需要特别注意，不然你会被绕晕的。请记住(x,y)就是指第 x 行第 y 列哦。

如何分别统计上下左右四个方向上可以消灭的敌人数呢？只要搞清楚一个方向，其他的方向都是一样的，这里就以向下统计为例。向下就是 y 不变，x 每次增加 1，直到遇到墙为止。

```
//向下统计可以消灭的敌人数
while(a[x][y]!='#')
{
    if(a[x][y]=='G')
        sum++;   //如果可以消灭一个敌人就sum++
    x++;   //x++的作用是继续向下
}
```

向另外几个方向进行统计的坐标变化如下。

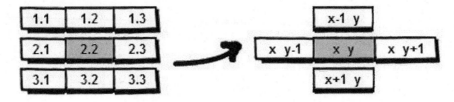

接下来只需要统计在每一个空地上放置炸弹可以消灭的敌人总数（上下左右四个方向上可以消灭的敌人数之和）。最终输出消灭敌人数最多的那个空地的坐标即可，完整代码如下。

```c
#include <stdio.h>
int main()
{
    char a[20][21]; //假设这里的地图大小不超过20*20
    int i,j,sum,map=0,p,q,x,y,n,m;
    //读入n和m，n表示有多少行字符，m表示每行有多少列
    scanf("%d %d",&n,&m);

    //读入n行字符
    for(i=0;i<=n-1;i++)
        scanf("%s",a[i]);

    //用两重循环枚举地图中的每一点
    for(i=0;i<=n-1;i++)
    {
        for(j=0;j<=m-1;j++)
        {
            //首先判断这个点是不是平地，是平地才可以被放置炸弹
            if(a[i][j]=='.')
            {
                sum=0;//sum用来计数（可以消灭的敌人数），所以需要初始化为0
                //将当前坐标i,j复制到两个新变量x,y中，以便向上下左右四个方向分别统计
                //可以消灭的敌人数
                //向上统计可以消灭的敌人数
                x=i; y=j;
                while(a[x][y]!='#')//判断是不是墙，如果不是墙就继续
                {
                    //如果当前点是敌人，则进行计数
                    if(a[x][y]=='G')
                        sum++;
                    //x--的作用是继续向上统计
                    x--;
                }

                //向下统计可以消灭的敌人数
                x=i; y=j;
                while(a[x][y]!='#')
                {
                    if(a[x][y]=='G')
```

```
                sum++;
            //x++的作用是继续向下统计
            x++;
        }

        //向左统计可以消灭的敌人数
        x=i; y=j;
        while(a[x][y]!='#')
        {
            if(a[x][y]=='G')
                sum++;
            //y--的作用是继续向左统计
            y--;
        }

        //向右统计可以消灭的敌人数
        x=i; y=j;
        while(a[x][y]!='#')
        {
            if(a[x][y]=='G')
                sum++;
            //y++的作用是继续向右统计
            y++;
        }

        //更新map的值
        if(sum>map)
        {
            //如果当前点所能消灭的敌人总数大于map，则更新map
            map=sum;
            //并用p和q记录当前点的坐标
            p=i;
            q=j;
        }
    }
}
printf("将炸弹放置在(%d,%d),最多可以消灭%d个敌人\n",p,q,map);
getchar();getchar();
return 0;
}
```

可以输入以下数据进行验证。第一行两个整数为 $n\ m$，分别表示迷宫的行和列，接下来的 $n$ 行 $m$ 列为地图。

```
13 13
#############
#GG.GGG#GGG.#
###.#G#G#G#G#
#.......#..G#
#G#.###.#G#G#
#GG.GGG.#.GG#
#G#.#G#.#.###
##G...G.....#
#G#.#G###.#G#
#...G#GGG.GG#
#G#.#G#G#.#G#
#GG.GGG#G.GG#
#############
```

运行结果是：

将炸弹放置在(9,9)处，最多可以消灭8个敌人

喜欢思考的同学会发现这个算法有个问题。比如我们将地图(6,11)的墙改为平地，小人默认站在(3,3)这个位置，如右下图。

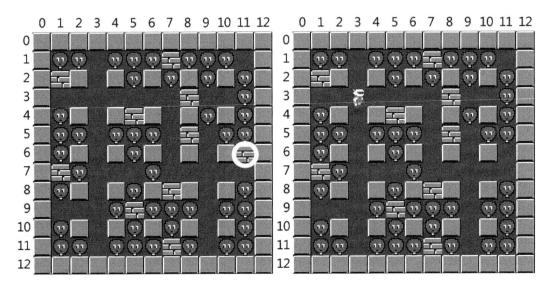

根据我们之前的算法，应该将炸弹放置在(1,11)处，最多可以消灭 11 个敌人。其实小人根本无法走到(1,11)处。所以正确的答案应该是将炸弹放在(7,11)处，最多可以消灭 10 个敌人。那如何解决这种问题呢？不要着急，我们将在第 4 章的第 4 节再来讨论。

## 第 3 节　火柴棍等式

闲来无聊的小哼，又拿出了火柴棍，不知道在摆弄什么……

现在小哼有 $n$ 根火柴棍，希望拼出形如 A+B=C 的等式。等式中的 A、B、C 均是用火柴棍拼出来的整数（若该数非零，则最高位不能是 0）。数字 0~9 的拼法如下图所示：

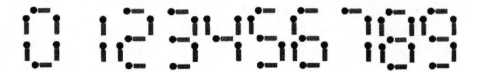

例如现在小哼手上有 14 根火柴棍，则可以拼出两个不同的等式 0+1=1 和 1+0=1。

再例如小哼手上有 18 根火柴棍，则可以拼出 9 个不同的等式，分别为 0+4=4、0+11=11、1+10=11、2+2=4、2+7=9、4+0=4、7+2=9、10+1=11 和 11+0=11。

注意：

1. 加号与等号各自需要两根火柴棍。
2. 如果 A≠B，则 A+B=C 与 B+A=C 视为不同的等式（A、B、C 都大于 0）。
3. 所有根火柴棍必须全部用上。

假如现在小哼手上有 m 根（$m \leqslant 24$）火柴棍，那么小哼究竟可以拼出多少个不同的形如 A+B=C 的等式呢？（本题根据 NOIP2008 提高组第二题改编。）

你有没有想到什么好方法？忘记说了，规定的时限是 1 秒。此刻，你可以先尝试实现一下。一定要好好思考后再往下看，看看你的想法和我是否一样。

既然是要找出形如 A+B=C 这样的等式，那最简单的办法就是分别枚举 A、B、C 啦。接下来的问题就是：A、B、C 的枚举范围是什么呢？我们只需要在 0~1111 之间枚举就可以了。为什么呢？因为题目中最多只有 24 根火柴棍即 $m \leqslant 24$。除去"+"和"="占用的 4 根火柴棍，那么最多剩下 20 根火柴棍。而 0~9 这 10 个数字中，数字 1 需要用到的火柴棍最少，只需要 2 根火柴棍。而 20 根火柴棍最多能组成 10 个 1。因此 A+B=C 这个等式中 A、B、C 中的任意一个数都不能超过 1111。

接下来就简单了，我们只需要分别来枚举 A、B、C，范围都是 0~1111。A 所使用的火柴棍的根数，加上 B 所使用的火柴棍的根数，再加上 C 所使用的火柴棍的根数，如果恰好等于 m-4 的话，则成功地找出了一组解。这个算法的时间复杂度是 $O(N^3) \approx 1112^3$，是否可以将复杂度降到 $O(N^2)$ 呢？当然可以。其实我们这里只需要枚举 A 和 B 就可以了，C 可以通过 A+B 算出来。所以在采用暴力枚举的时候也需要仔细分析问题，我们只是将枚举 C 改为通过 A+B 来算出 C，就将 $O(N^3)$ 的算法优化到了 $O(N^2)$。

```c
#include <stdio.h>
int fun(int x)
{
    int num=0;//用来计数的变量，一定要记得初始化
    int f[10]={6,2,5,5,4,5,6,3,7,6};
    //用一个数组来记录0~9每个数字需要用多少根火柴棍
    while(x/10!=0)//如果x/10的商不等于0的话，说明这个数至少有两位
    {
        //获得x的末尾数字并将此数所需要用到的火柴棍根数累加到num中
        num += f[x%10];
        x = x/10;  //去掉x的末尾数字，例如x的值为123则现在x的值为12
    }
```

```
        //最后加上此时x所需用到的火柴棍的根数（此时x一定是一位数）
        num += f[x];
        return num;//返回需要火柴棍的总根数
}
int main()
{
    int a,b,c,m,sum=0;//sum是用来计数的，因此一定要初始化为0
    scanf("%d",&m);//读入火柴棍的个数

    //开始枚举a和b
    for(a=0;a<=1111;a++)
    {
        for(b=0;b<=1111;b++)
        {
            c=a+b;  //计算出c
            //fun是我们自己写的子函数，用来计算一个数所需要用火柴棍的总数
            //当a使用的火柴棍根数 + b使用的火柴棍的根数 + c使用的火柴棍的根数之和
            //恰好等于m-4时，则成功地找出了一组解
            if(fun(a)+fun(b)+fun(c)==m-4)
            {
                printf("%d+%d=%d\n",a,b,c);
                sum++;
            }
        }
    }
    printf("一共可以拼出%d个不同的等式",sum);
    getchar();getchar();
    return 0;
}
```

可以输入以下数据进行验证。

18

运行结果是：

0+4=4
0+11=11
1+10=11

```
2+2=4
2+7=9
4+0=4
7+2=9
10+1=11
11+0=11
```

一共可以拼出 9 个不同的等式。

## 第 4 节　数的全排列

刚刚研究完火柴棍，小哼又在研究一种特殊的排列——全排列。

123 的全排列是 123、132、213、231、312、321。1234 的全排列是 1234、1243、1324、1342、1423、1432、2134、2143、2314、2341、2413、2431、3124、3142、3214、3241、3412、3421、4123、4132、4213、4231、4312、4321。小哼现在需要写出 123456789 的全排列，对，一定要在吃饭之前写出来才行。你能写个程序来帮助小哼吗？

首先还是求 123 的全排列吧。很简单，三重循环嵌套就可以搞定，代码如下。

```c
for(a=1;a<=3;a++)
    for(b=1;b<=3;b++)
        for(c=1;c<=3;c++)
            if(a!=b && a!=c && b!=c)
                printf("%d%d%d\n",a,b,c);
```

## 第3章 枚举！很暴力

上面的代码中，我们用 for a 循环来枚举第 1 位，用 for b 循环来枚举第 2 位，用 for c 循环来枚举第 3 位。再用一个 if 语句来进行判断，只有当 a、b 和 c 互不相等的时候才能输出。

如果求 1234 的全排列呢？你可能会说那还不简单，看我的。

```
for(a=1;a<=4;a++)
    for(b=1;b<=4;b++)
        for(c=1;c<=4;c++)
            for(d=1;d<=4;d++)
                if(a!=b && a!=c && a!=d && b!=c && b!=d && c!=d)
                    printf("%d%d%d%d\n",a,b,c,d);
```

没错，123 和 1234 的全排列尚算简单，但是求 123456789 的全排列这样写就比较麻烦了。OK，现在终极问题来了：输入一个指定点的数 $n$，输出 1~$n$ 的全排列，又该如何呢？例如：输入 3 时输出 123 的全排列，输入 4 时输出 1234 的全排列……输入 9 时输出 123456789 的全排列。怎么样，亲爱的赶快动起来吧，看看你能否完成这个挑战。

代码编写得如何？如果你还没有动手，我还是建议你去尝试一下，肯定是可以做出来的，只是非常繁琐。那有没有方便一点的办法呢？请看下一章——万能的搜索。

# 第4章

## 万能的搜索

# 第 4 章　万能的搜索

## 第 1 节　不撞南墙不回头——深度优先搜索

在上一章我们留下了一个问题：输入一个数 $n$，输出 1~$n$ 的全排列。这里我们先将这个问题形象化，举个例子。假如有编号为 1、2、3 的 3 张扑克牌和编号为 1、2、3 的 3 个盒子。现在需要将这 3 张扑克牌分别放到 3 个盒子里面，并且每个盒子有且只能放一张扑克牌。那么一共有多少种不同的放法呢？

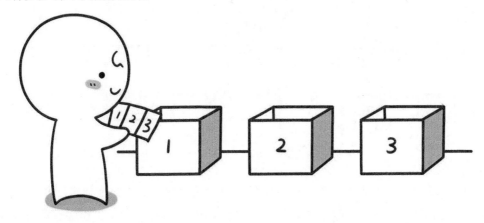

好了，现在轮到小哼出马。小哼手拿 3 张扑克牌，首先走到了 1 号盒子面前。此时小哼心里想：我是先放 1 号扑克牌，还是先放 2 号扑克牌，还是先放 3 号扑克牌呢？现在要生成的是全排列，很显然这三种情况都需要去尝试。小哼说那我们约定一个顺序吧：每次到一个盒子面前时，都先放 1 号，再放 2 号，最后放 3 号扑克牌。说完小哼走到了 1 号盒子前，将 1 号扑克牌放到第 1 个盒子中。

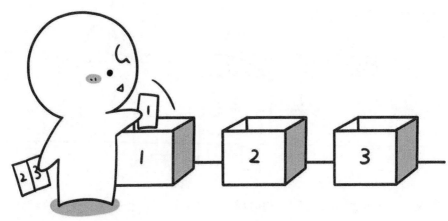

放好之后小哼往后走一步,来到了 2 号盒子面前。本来按照之前约定的规则,每到一个新的盒子面前,要按照 1 号、2 号、3 号扑克牌的顺序来放。但是现在小哼手中只剩下 2 号和 3 号扑克牌了,于是小哼将 2 号扑克牌放入了 2 号盒子中。放好之后小哼再往后走一步,来到了 3 号盒子面前。

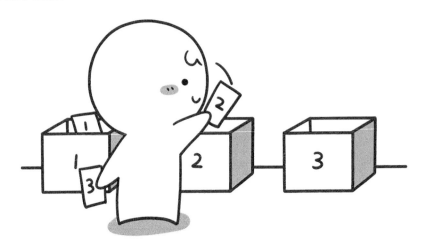

现在小哼已经来到了 3 号盒子面前,按照之前约定的顺序,还是应该按照 1 号、2 号、3 号扑克牌的顺序来放,但是小哼手中只有 3 号扑克牌了,于是只能往 3 号盒子里面放 3 号扑克牌。放好后,小哼再往后走一步,来到了 4 号盒子面前。咦!没有第 4 个盒子,其实我们并不需要第 4 个盒子,因为手中的扑克牌已经放完了。

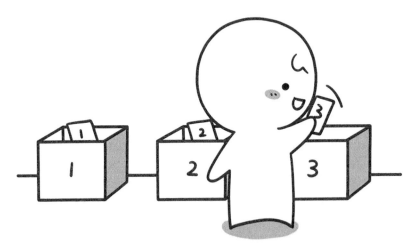

我们发现当小哼走到第 4 个盒子的时候,已经完成了一种排列,这个排列就是前面 3 个

盒子中的扑克牌号码，即"1 2 3"。

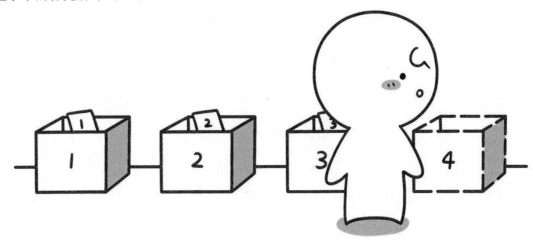

是不是到此就结束了呢？肯定没有！产生了一种排列之后小哼需要立即返回。现在小哼需要退一步重新回到3号盒子面前。

好！现在小哼已经回到了3号盒子面前，需要取回之前放在3号盒子中的扑克牌，再去尝试看看还能否放别的扑克牌，从而产生一个新的排列。于是小哼取回了3号扑克牌。当小哼再想往3号盒子放别的扑克牌的时候，却发现手中仍然只有3号扑克牌，没有别的选择。于是小哼不得不再往回退一步，回到2号盒子面前。

小哼回到2号盒子后，收回了2号扑克牌。现在小哼手里面有两张扑克牌了，分别是2号和3号扑克牌。按照之前约定的顺序，现在需要往2号盒子中放3号扑克牌（上一次放的是2号扑克牌）。放好之后小哼又向后走一步，再次来到了3号盒子面前。

小哼再次来到3号盒子后，将手中仅剩的2号扑克牌放入了3号盒子。又来到4号盒子面前。当然了，这里并没有4号盒子。此时又产生了一个新的排列"1 3 2"。

接下来按照刚才的步骤去模拟，便会依次生成所有排列："2 1 3"、"2 3 1"、"3 1 2"和"3 2 1"。

说了半天，这么复杂的过程如何用程序实现呢？我们现在来解决最基本的问题：如何往小盒子中放扑克牌。每一个小盒子都可能放1号、2号或者3号扑克牌，这需要一一去尝试，这里一个for循环就可以解决。

```
for(i=1;i<=n;i++)
{
    a[step]=i;  //将i号扑克牌放入到第step个盒子中
}
```

这里数组 a 是用来表示小盒子的，变量 step 表示当前正处在第 step 个小盒子面前。a[step]=i; 就是将第 i 号扑克牌放入到第 step 个盒子中。这里有一个问题那就是，如果一张扑克牌已经放到别的小盒子中了，那么此时就不能再放入同样的扑克牌到当前小盒子中，因为此时手中已经没有这张扑克牌了。因此还需要一个数组 book 来标记哪些牌已经使用了。

```
for(i=1;i<=n;i++)
{
    if(book[i]==0)  //book[i]等于0表示i号扑克牌仍然在手上
    {
        a[step]=i;  //将i号扑克牌放入到第step个盒子中
        book[i]=1;  //将book[i]设为1，表示i号扑克牌已经不在手上
    }
}
```

OK，现在已经处理完第 step 个小盒子了，接下来需要往下走一步，继续处理第 step+1 个小盒子。那么如何处理第 step+1 个小盒子呢？处理方法其实和我们刚刚处理第 step 个小盒子的方法是相同的。因此就很容易想到（如果这个词伤害了您，我表示深深的歉意^\_^）把刚才的处理第 step 个小盒子的代码封装为一个函数，我们为这个函数起个名字，就叫做 dfs 吧，如下。

```
void dfs(int step)//step表示现在站在第几个盒子面前
{
    for(i=1;i<=n;i++)
    {
        //判断扑克牌i是否还在手上
        if(book[i]==0)  //book[i]等于0表示i号扑克牌仍然在手上
        {
            a[step]=i;  //将i号扑克牌放入到第step个盒子中
            book[i]=1;  //将book[i]设为1，表示i号扑克牌已经不在手上
        }
    }
    return;
}
```

把这个过程写成函数后，刚才的问题就好办了。在处理完第 step 个小盒子之后，紧接着处理第 step+1 个小盒子，处理第 step+1 个小盒子的方法就是 dfs(step+1)，请注意下面代码中加粗的语句。

```
void dfs(int step)//step表示现在站在第几个盒子面前
{
    for(i=1;i<=n;i++)
    {
        //判断扑克牌i是否还在手上
        if(book[i]==0)  //book[i]等于0表示i号扑克牌仍然在手上
        {
            a[step]=i;   //将i号扑克牌放入到第step个盒子中
            book[i]=1;   //将book[i]设为1，表示i号扑克牌已经不在手上
            dfs(step+1); //这里通过函数的递归调用来实现（自己调用自己）
            book[i]=0;   //这是非常重要的一步，一定要将刚才尝试的扑克牌收回，才能进行
                         //下一次尝试
        }
    }
    return;
}
```

上面代码中的 book[i]=0 这条语句非常重要，这句话的作用是将小盒子中的扑克牌收回，因为在一次摆放尝试结束返回的时候，如果不把刚才放入小盒子中的扑克牌收回，那将无法再进行下一次摆放。还剩下一个问题，就是什么时候该输出一个满足要求的序列呢。其实当我们处理到第 $n+1$ 个小盒子的时候（即 step 等于 $n+1$），那么说明前 $n$ 个盒子都已经放好扑克牌了，这里就将 1~$n$ 个小盒子中的扑克牌编号打印出来就可以了，如下。注意！打印完毕一定要立即 return，不然这个程序就会永无止境地运行下去了，想一想为什么吧。

```
void dfs(int step)//step表示现在站在第几个盒子面前
{
    if(step==n+1)//如果站在第n+1个盒子面前，则表示前n个盒子已经放好扑克牌
    {
        //输出一种排列（1~n号盒子中的扑克牌编号）
        for(i=1;i<=n;i++)
            printf("%d",a[i]);
        printf("\n");

        return;  //返回之前的一步（最近一次调用dfs函数的地方）
    }

    for(i=1;i<=n;i++)
    {
        //判断扑克牌i是否还在手上
```

```
            if(book[i]==0)  //book[i]等于0表示i号扑克牌仍然在手上
            {
                a[step]=i;  //将i号扑克牌放入到第step个盒子中
                book[i]=1;  //将book[i]设为1，表示i号扑克牌已经不在手上
                dfs(step+1);  //这里通过函数的递归调用来实现（自己调用自己）
                book[i]=0;  //这是非常重要的一步，一定要将刚才尝试的扑克牌收回，才能进行
                            //下一次尝试
            }
        return;
}
```

完整代码如下。

```
#include <stdio.h>
int a[10],book[10],n;//此处特别说明一下：C语言的全局变量在没有赋值以前默认为0，因此
                    //这里的book数组无需全部再次赋初始值0
void dfs(int step)//step表示现在站在第几个盒子面前
{
    int i;
    if(step==n+1)//如果站在第n+1个盒子面前，则表示前n个盒子已经放好扑克牌
    {
        //输出一种排列（1~n号盒子中的扑克牌编号）
        for(i=1;i<=n;i++)
            printf("%d",a[i]);
        printf("\n");

        return;  //返回之前的一步（最近一次调用dfs函数的地方）
    }

    //此时站在第step个盒子面前，应该放哪张牌呢？
    //按照1、2、3...n的顺序一一尝试
    for(i=1;i<=n;i++)
    {
        //判断扑克牌i是否还在手上
        if(book[i]==0)  //book[i]等于0表示i号扑克牌在手上
        {
            //开始尝试使用扑克牌i
            a[step]=i;  //将i号扑克牌放入到第step个盒子中
            book[i]=1;  //将book[i]设为1，表示i号扑克牌已经不在手上

            //第step个盒子已经放好扑克牌，接下来需要走到下一个盒子面前
```

```
            dfs(step+1); //这里通过函数的递归调用来实现（自己调用自己）
            book[i]=0; //这是非常重要的一步，一定要将刚才尝试的扑克牌收回，才能进行
                       //下一次尝试
        }
    }
    return;
}

int main()
{
    scanf("%d",&n);//输入的时候要注意n为1~9之间的整数
    dfs(1);//首先站在1号小盒子面前
    getchar();getchar();
    return 0;
}
```

这个简单的例子，核心代码不超过 20 行，却饱含深度优先搜索（Depth First Search，DFS）的基本模型。理解深度优先搜索的关键在于解决"当下该如何做"。至于"下一步如何做"则与"当下该如何做"是一样的。比如我们这里写的 dfs(step)函数的主要功能就是解决当你在第 step 个盒子的时候你该怎么办。通常的方法就是把每一种可能都去尝试一遍（一般使用 for 循环来遍历）。当前这一步解决后便进入下一步 dfs(step+1)。下一步的解决方法和当前这步的解决方法是完全一样的。下面的代码就是深度优先搜索的基本模型。

```
void dfs(int step)
{
    判断边界
    尝试每一种可能 for(i=1;i<=n;i++)
    {
        继续下一步 dfs(step+1);
    }
    返回
}
```

每一种尝试就是一种"扩展"。每次站在一个盒子面前的时候，其实都有 n 种扩展方法，但是并不是每种扩展都能够扩展成功。

好了，我想现在你应该可以用新学的算法重新解决第 3 章的第 1 节□□□+□□□=□□□这个问题了。

这就相当于你手中有编号为 1~9 的九张扑克牌,然后将这九张扑克牌放到九个盒子中,并使得□□□+□□□=□□□成立。其实就是判断一下 a[1]*100+a[2]*10+a[3]+a[4]*100+a[5]*10+a[6]==a[7]*100+a[8]*10+a[9]这个等式是否成立。

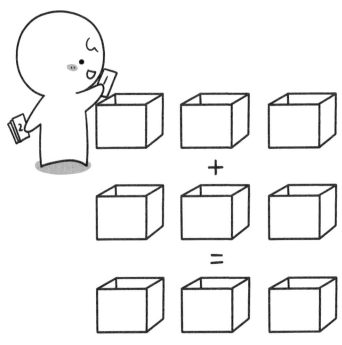

```
#include <stdio.h>
int a[10],book[10],total=0;
void dfs(int step)//step表示现在站在第几个盒子面前
{
    int i;
    if(step==10)//如果站在第10个盒子面前,则表示前9个盒子已经放好扑克牌
    {
        //判断是否满足等式□□□+□□□=□□□
        if(a[1]*100+a[2]*10+a[3]+a[4]*100+a[5]*10+a[6]
            ==a[7]*100+a[8]*10+a[9])
        {
            //如果满足要求,可行解+1,并打印这个解
            total++;
            printf("%d%d%d+%d%d%d=%d%d%d\n",
                a[1],a[2],a[3],a[4],a[5],a[6],a[7],a[8],a[9]);
        }
```

```
            return;  //返回之前的一步（最近调用的地方）
    }
    //此时站在第step个盒子面前，应该放那张牌呢？
    //按照1、2、3……n的顺序一一尝试
    for(i=1;i<=9;i++)
    {
            //判断扑克牌i是否还在手上
            if(book[i]==0)// book[i]为0表示扑克牌还在手上
            {
                    //开始尝试使用扑克牌i
                    a[step]=i;  //将扑克牌i放入到第step个盒子中
                    book[i]=1;  //将book[i]的值设为1，表示扑克牌i已不在手上

                    //第step个盒子已经放置好扑克牌，走到下一个盒子面前
                    dfs(step+1);  //这里通过函数的递归调用来实现（自己调用自己）

                    //这里是非常重要的一步，一定要将刚才尝试的扑克牌收回，才能进行下一次尝试
                    book[i]=0;
            }
    }

    return;
}

int main()
{

    dfs(1);//首先站在一个盒子面前

    printf("total=%d",total/2);  //为什么要除以2之前已经说过
    getchar();getchar();
    return 0;
}
```

## 第2节　解救小哈

有一天，小哈一个人去玩迷宫。但是方向感很不好的小哈很快就迷路了。小哼得知后便立即去解救无助的小哈。小哼当然是有备而来，已经弄清楚了迷宫的地图，现在小哼要以最

快的速度去解救小哈。问题就此开始了……

迷宫由 n 行 m 列的单元格组成（n 和 m 都小于等于 50），每个单元格要么是空地，要么是障碍物。你的任务是帮助小哼找到一条从迷宫的起点通往小哈所在位置的最短路径。注意障碍物是不能走的，当然小哼也不能走到迷宫之外。

首先我们可以用一个二维数组来存储这个迷宫，刚开始的时候，小哼处于迷宫的入口处 (1,1)，小哈在 (p,q)。其实，就是找从 (1,1) 到 (p,q) 的最短路径。如果你是小哼，你该怎么办呢？小哼最开始在 (1,1)，他只能往右走或者往下走，但是小哼是应该往右走呢还是往下走呢。此时要是能有两个小哼就好了，一个向右走，另外一个向下走。但是现在只有一个小哼，所以只能一个一个地去尝试。我们可以先让小哼往右边走,直到走不通的时候再回到这里,再去尝试另外一个方向。我们这里规定一个顺序,按照顺时针的方向来尝试(即按照右、下、左、上的顺序去尝试)。

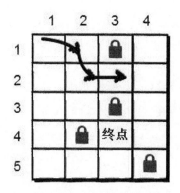

我们先来看看小哼一步之内可以达到的点有哪些?只有(1,2)和(2,1)。根据刚才的策略,我们先往右边走,小哼来到了(1,2)这个点。来到(1,2)之后小哼又能到达哪些新的点呢?只有(2,2)这个点。因为(1,3)是障碍物无法达到,(1,1)是刚才来的路径中已经走过的点,也不能走,所以只能到(2,2)这个点。但是小哈并不在(2,2)这个点上,所以小哼还得继续往下走,直至无路可走或者找到小哈为止。请注意!此处并不是一找到小哈就结束了。因为刚才只尝试了一条路,而这条路并不一定是最短的。刚才很多地方在选择方向的时候都有多种选择,因此我们需要返回到这些地方继续尝试往别的方向走,直到把所有可能都尝试一遍,最后输出最短的一条路径。例如下图就是一种可行的搜索路径。

现在我们尝试用深度优先搜索来实现这个方法。先来看 dfs()函数如何写。dfs()函数的功能是解决当前应该怎么办。而小哼处在某个点的时候需要处理的是:先检查小哼是否已经到达小哈的位置,如果没有到达则找出下一步可以走的地方。为了解决这个问题,此处 dfs()

函数只需要维护 3 个参数，分别是当前这个点的 x 坐标、y 坐标以及当前已经走过的步数 step。dfs() 函数定义如下。

```
void dfs(int x,int y,int step)
{
    return;
}
```

判断是否已经到达小哈的位置这一点很好实现，只需要判断当前的坐标和小哈的坐标是否相等就可以了，如果相等则表明已经到达小哈的位置，如下。

```
void dfs(int x,int y,int step)
{
    //判断是否到达小哈的位置
    if(x==p && y==q)
    {
        //更新最小值
        if(step<min)
            min=step;
        return ;//请注意这里的返回很重要
    }
    return;
}
```

如果没有到达小哈的位置，则找出下一步可以走的地方。因为有四个方向可以走，根据我们之前的约定，按照顺时针的方向来尝试（即按照右、下、左、上的顺序尝试）。这里为了编程方便，我定义了一个方向数组 next，如下。

```
int next[4][2]={{ 0, 1},//向右走
                { 1, 0},//向下走
                { 0,-1},//向左走
                {-1, 0}};//向上走
```

通过这个方向数组，使用循环就很容易获得下一步的坐标。这里将下一步的横坐标用 tx 存储，纵坐标用 ty 存储。

```
for(k=0;k<=3;k++)
{
    //计算的下一个点的坐标
    tx=x+next[k][0];
    ty=y+next[k][1];
}
```

接下来我们就要对下一个点(tx,ty)进行一些判断。包括是否越界，是否为障碍物，以及这个点是否已经在路径中（即避免重复访问一个点）。需要用 book[tx][ty]来记录格子(tx,ty)是否已经在路径中。

如果这个点符合所有的要求，就对这个点进行下一步的扩展，即 dfs(tx,ty,step+1)，注意这里是 step+1，因为一旦你从这个点开始继续往下尝试，就意味着你的步数已经增加了 1。代码实现如下。

```
for(k=0;k<=3;k++)
{
    //计算的下一个点的坐标
    tx=x+next[k][0];
    ty=y+next[k][1];

    //判断是否越界
    if(tx<1 || tx>n || ty<1 || ty>m)
        continue;
    //判断该点是否为障碍物或者已经在路径中
    if(a[tx][ty]==0 && book[tx][ty]==0)
    {
        book[tx][ty]=1;//标记这个点已经走过
        dfs(tx,ty,step+1);//开始尝试下一个点
        book[tx][ty]=0;//尝试结束，取消这个点的标记
    }
}
```

好了，来看下完整的代码吧。

```
#include <stdio.h>
int n,m,p,q,min=99999999;
```

```c
int a[51][51],book[51][51];
void dfs(int x,int y,int step)
{
    int next[4][2] = {{ 0, 1},//向右走
                      { 1, 0},//向下走
                      { 0,-1},//向左走
                      {-1, 0}};//向上走
    int tx,ty,k;
    //判断是否到达小哈的位置
    if(x==p && y==q)
    {
        //更新最小值
        if(step<min)
            min=step;
        return ;//请注意这里的返回很重要
    }
    
    //枚举4种走法
    for(k=0;k<=3;k++)
    {
        //计算下一个点的坐标
        tx=x+next[k][0];
        ty=y+next[k][1];
        //判断是否越界
        if(tx<1 || tx>n || ty<1 || ty>m)
            continue;
        //判断该点是否为障碍物或者已经在路径中
        if(a[tx][ty]==0 && book[tx][ty]==0)
        {
            book[tx][ty]=1;//标记这个点已经走过
            dfs(tx,ty,step+1);//开始尝试下一个点
            book[tx][ty]=0;//尝试结束，取消这个点的标记
        }
    }
    return ;
}

int main()
{
    int i,j,startx,starty;
```

```
//读入n和m，n为行，m为列
scanf("%d %d",&n,&m);
//读入迷宫
for(i=1;i<=n;i++)
    for(j=1;j<=m;j++)
        scanf("%d",&a[i][j]);
//读入起点和终点坐标
scanf("%d %d %d %d",&startx,&starty,&p,&q);

//从起点开始搜索
book[startx][starty]=1;//标记起点已经在路径中，防止后面重复走
//第一个参数是起点的x坐标，第二个参数是起点的y坐标，第三个参数是初始步数为0
dfs(startx,starty,0);

//输出最短步数
printf("%d",min);
getchar();getchar();
return 0;
}
```

可以输入以下数据进行验证。第一行有两个数 $n\ m$。$n$ 表示迷宫的行，$m$ 表示迷宫的列。接下来的 $n$ 行 $m$ 列为迷宫，0 表示空地，1 表示障碍物。最后一行 4 个数，前两个数为迷宫入口的 $x$ 和 $y$ 坐标。后两个为小哈的 $x$ 和 $y$ 坐标。

```
5 4
0 0 1 0
0 0 0 0
0 0 1 0
0 1 0 0
0 0 0 1
1 1 4 3
```

运行结果是：

```
7
```

发明深度优先算法的是 John E. Hopcroft（约翰·霍普克洛夫特）和 Robert E. Tarjan（罗伯特·陶尔扬）。当然他们并不是在研究全排列或者迷宫问题时发明了这个算法。1971~1972 年，他们在斯坦福大学研究图的连通性（任意两点是否可以相互到达）和平面性（图中所有

的边相互不交叉。在电路板上设计布线的时候,要求线与线不能交叉。这就是平面性的一个实际应用。),发明了这个算法。他们也因此获得了 1986 年的图灵奖。在授奖仪式上,当年全国象棋程序比赛的优胜者说他的程序用的就是深度优先算法,这是以奇制胜的关键。此外,Tarjan 是另外两位图灵奖得主 Robert W. Floyd(罗伯特·弗洛伊德)和 Donald E. Knuth(高德纳)的学生。Knuth 之前我们已经遇到过,Floyd 也是一个巨牛,我们将在第 6 章领略他的神功。

## 第 3 节　层层递进——广度优先搜索

在上面解救小哈的行动中,我们使用了深度优先搜索的方法。这里我将介绍另外一种方法来解决这个问题——广度优先搜索(Breadth First Search,BFS),也称为宽度优先搜索。

我们还是用一个二维数组来存储这个迷宫。最开始的时候小哼在迷宫(1,1)处,他可以往右走或者往下走。在上一节中我们的方法是,先让小哼往右边走,然后一直尝试下去,直到走不通的时候再回到这里。这样是深度优先,可以通过函数的递归实现。现在介绍另外一种方法:通过"一层一层"扩展的方法来找到小哈。扩展时每发现一个点就将这个点加入到队列中,直至走到小哈的位置(p,q)时为止,具体如下。

最开始小哼在入口(1,1)处,一步之内可以到达的点有(1,2)和(2,1)。

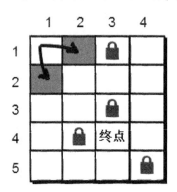

但是小哈并不在这两个点上,那小哼只能通过(1,2)和(2,1)这两点继续往下走。比如现在小哼走到了(1,2)这个点,之后他又能够到达哪些新的点呢?有(2,2)。再看看通过(2,1)又可以到达哪些点呢?可以到达(2,2)和(3,1)。此时你会发现(2,2)这个点既可以从(1,2)到达,也可以从(2,1)到达,并且都只使用了 2 步。为了防止一个点多次被走到,这里需要一个数组来记录一个点是否已经被走到过。

第 4 章 万能的搜索

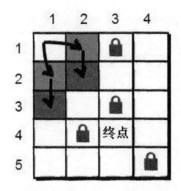

此时小哼 2 步可以走到的点就全部走到了，有(2,2)和(3,1)，可是小哈并不在这两个点上。没有别的办法，还得继续往下尝试，看看通过(2,2)和(3,1)这两个点还能到达哪些新的没有走到过的点。通过(2,2)这个点我们可以到达(2,3)和(3,2)，通过(3,1)可以到达(3,2)和(4,1)。现在 3 步可以到达的点有(2,3)、(3,2)和(4,1)，依旧没有到达小哈的所在点，我们需要重复刚才的方法，直到到达小哈所在点为止。

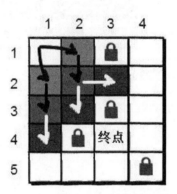

回顾一下刚才的算法，可以用一个队列来模拟这个过程。这里我们还是用一个结构体来实现队列。

```
struct note
{
    int x;//横坐标
    int y;//纵坐标
    int s;//步数
};
struct note que[2501]; //因为地图大小不超过50*50,因此队列扩展不会超过2500个
int head,tail;
int a[51][51]={0};//用来存储地图
```

```
int book[51][51]={0};//数组book的作用是记录哪些点已经在队列中了,防止一个点被重复
                    //扩展,并全部初始化为0。
```
最开始的时候需要进行队列初始化,即将队列设置为空。
```
head=1;
tail=1;
```
第一步将(1,1)加入队列,并标记(1,1)已经走过。
```
que[tail].x=1;
que[tail].y=1;
que[tail].s=0;
tail++;
book[1][1]=1;
```

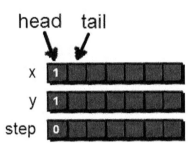

然后从(1,1)开始,先尝试往右走到达了(1,2)。

```
tx=que[head].x;
ty=que[head].y+1;
```

需要判断(1,2)是否越界。

```
if(tx<1 || tx>n || ty<1 || ty>m)
    continue;
```

再判断(1,2)是否为障碍物或者已经在路径中。

```
if(a[tx][ty]==0 && book[tx][ty]==0)
{
}
```

如果满足上面的条件,则将(1,2)入队,并标记该点已经走过。

```
//把这个点标记为已经走过
book[tx][ty]=1;//注意宽搜每个点通常情况下只入队一次,和深搜不同,不需要将book数组还原
//插入新的点到队列中
```

```
que[tail].x=tx;
que[tail].y=ty;
que[tail].s=que[head].s+1;//步数是父亲的步数+1
tail++;
```

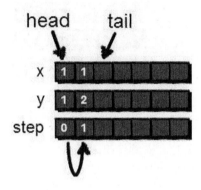

接下来还要继续尝试往其他方向走。这里还是规定一个顺序，即按照顺时针的方向来尝试（也就是以右、下、左、上的顺序尝试）。我们发现从(1,1)还是可以到达(2,1)，因此也需要将(2,1)也加入队列，代码实现与刚才对(1,2)的操作是一样的。

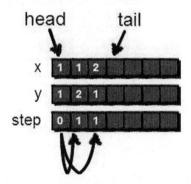

对(1,1)扩展完毕后，其实(1,1)现在对我们来说已经没有用了，此时我们将(1,1)出队。出队的操作，很简单就一句话，如下。

```
head++;
```

接下来我们需要在刚才新扩展出的(1,2)和(2,1)这两个点的基础上继续向下探索。到目前为止我们已经扩展出从起点出发一步以内可以到达的所有点。因为还没有到达小哈的所在位置，所以还需要继续。

(1,1)出队之后，现在队列的head正好指向了(1,2)这个点，现在我们需要通过这个点继续扩展，通过(1,2)可以到达(2,2)，并将(2,2)也加入队列。

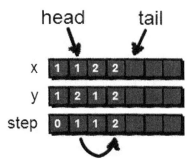

(1,2)这个点已经处理完毕，对我们来说也没有用了，于是将(1,2)出队。(1,2)出队之后，head 指向了(2,1)这个点。通过(2,1)可以到达(2,2)和(3,1)，但是因为(2,2)已经在队列中，因此我们只需要将(3,1)入队。

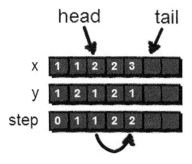

到目前为止我们已经扩展出从起点出发2步以内可以到达的所有点，可是依旧没有到达小哈的所在位置，因此还需要继续，直至走到小哈所在点，算法结束。

为了方便向四个方向扩展，与上一节一样这里需要一个 next 数组。

```
int next[4][2]={ { 0, 1},//向右走
                 { 1, 0},//向下走
                 { 0,-1},//向左走
                 {-1, 0} };//向上走
```

完整的代码实现如下。

```
#include <stdio.h>
struct note
{
    int x;//横坐标
```

```
        int y;//纵坐标
        int f;//父亲在队列中的编号,本题不要求输出路径,可以不需要f
        int s;//步数
    };
    int main()
    {
        struct note que[2501]; //因为地图大小不超过50*50,因此队列扩展不会超过2500个

        int a[51][51]={0},book[51][51]={0};
        //定义一个用于表示走的方向的数组
        int next[4][2] = { { 0, 1},//向右走
                           { 1, 0},//向下走
                           { 0,-1},//向左走
                           {-1, 0} };//向上走
        int head,tail;
        int i,j,k,n,m,startx,starty,p,q,tx,ty,flag;

        scanf("%d %d",&n,&m);
        for(i=1;i<=n;i++)
            for(j=1;j<=m;j++)
                scanf("%d",&a[i][j]);
        scanf("%d %d %d %d",&startx,&starty,&p,&q);

        //队列初始化
        head=1;
        tail=1;
        //往队列插入迷宫入口坐标
        que[tail].x=startx;
        que[tail].y=starty;
        que[tail].f=0;
        que[tail].s=0;
        tail++;
        book[startx][starty]=1;

        flag=0;//用来标记是否到达目标点,0表示暂时还没有到达,1表示到达
        //当队列不为空的时候循环
        while(head<tail)
        {
            //枚举4个方向
            for(k=0;k<=3;k++)
            {
```

```c
            //计算下一个点的坐标
            tx=que[head].x+next[k][0];
            ty=que[head].y+next[k][1];
            //判断是否越界
            if(tx<1 || tx>n || ty<1 || ty>m)
                continue;
            //判断是否是障碍物或者已经在路径中
            if(a[tx][ty]==0 && book[tx][ty]==0)
            {
                //把这个点标记为已经走过
                //注意宽搜每个点只入队一次,所以和深搜不同,不需要将book数组还原
                book[tx][ty]=1;
                //插入新的点到队列中
                que[tail].x=tx;
                que[tail].y=ty;
                que[tail].f=head;//因为这个点是从head扩展出来的,所以它的父亲
                                 //是head,本题目不需要求路径,因此本句可省略
                que[tail].s=que[head].s+1;//步数是父亲的步数+1
                tail++;
            }
            //如果到目标点了,停止扩展,任务结束,退出循环
            if(tx==p && ty==q)
            {
                //注意下面两句话的位置千万不要写颠倒了
                flag=1;
                break;
            }
        }
        if(flag==1)
            break;
        head++;//注意这地方千万不要忘记,当一个点扩展结束后,head++才能对后面的点
               //再进行扩展
    }

    //打印队列中末尾最后一个点(目标点)的步数
    //注意tail是指向队列队尾(即最后一位)的下一个位置,所以这需要-1
    printf("%d",que[tail-1].s);

    getchar();getchar();
    return 0;
}
```

可以输入以下数据进行验证。第一行有两个数 n m。n 表示迷宫的行，m 表示迷宫的列。接下来 n 行 m 列为迷宫，0 表示空地，1 表示障碍物。最后一行 4 个数，前两个数为迷宫入口的 x 和 y 坐标。后两个为小哈的 x 和 y 坐标。

```
5 4
0 0 1 0
0 0 0 0
0 0 1 0
0 1 0 0
0 0 0 1
1 1 4 3
```

运行结果是：

```
7
```

1959 年，Edward F. Moore 率先在"如何从迷宫中寻找出路"这一问题中提出了广度优先搜索算法。1961 年，C. Y. Lee 在"电路板布线"这一问题中也独立提出了相同的算法。

## 第 4 节　再解炸弹人

还记得我们在第 3 章第 2 节留下的问题吗？

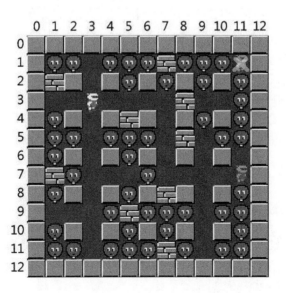

按照第 3 章的方法，将炸弹放置在(1,11)处，最多可以消灭 11 个敌人（注意这里是从 0 行 0 列开始计算的）。但小人其实是无法走到(1,11)的。所以正确的答案应该是将炸弹放在(7,11)处，可以消灭 10 个敌人。那这样的问题又该如何解决呢？解决这个问题的关键就在于找出哪些点是小人可以到达的。我们可以使用本章学习的广度优先搜索或者深度优先搜索来枚举出所有小人可以到达的点，然后在这些可以到达的点上来分别统计可以消灭的敌人数。

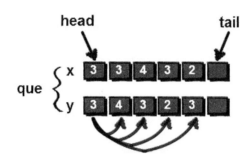

先来看如何用广度优先搜索来枚举出所有小人可以到达的点。首先从小人的所在点(3,3)开始扩展，先将点(3,3)入队，并且计算出将炸弹放置在该点能够消灭的敌人数（计算消灭的敌人数与之前的方法相同）。然后通过(3,3)这个点可以扩展出(3,4)、(4,3)、(3,2)和(2,3)，并将这些点入队，然后分别计算出在每个点放置炸弹可以消灭的敌人数。接下来再通过(3,4)进行扩展……直到把所有能到达的点全部扩展完毕，广搜结束。最后输出扩展到的点中消灭最多敌人数的那个点的坐标以及消灭的敌人数。

此题我们仍然需要一个结构体来实现队列。这里只需要 x 和 y 来记录坐标。

```
struct note
{
    int x;//横坐标
    int y;//纵坐标
};
struct note que[401]; //假设地图大小不超过20*20,因此队列扩展不会超过400个
int head,tail;

char a[20][20]; //用来存储地图
int book[20][20]={0}; //定义一个标记数组并全部初始化为0
```

上面的数组 book 的作用是记录哪些点已经在队列中了，防止一个点被重复扩展。

最开始的时候需要进行队列初始化，即将队列设置为空。

```
head=1;
tail=1;
```

往队列插入小人的起始坐标(startx,starty)，并标记(startx,starty)已经在队列中了。

```
que[tail].x=startx;
que[tail].y=starty;
tail++;
book[startx][starty]=1;
```

统计将炸弹放在该点(startx,starty)可以消灭多少敌人。统计的方法与第 3 章第 2 节的方法是相同的。此处将求"在某个点(i,j)放置炸弹能够消灭的敌人数"写成一个函数，函数名为 getnum，方便以后调用。

```
sum=getnum(startx,starty);
```

为了方便宽度优先搜索时朝四个方向扩展，这里也需要一个 next 数组。

```
int next[4][2]={ { 0, 1},   //向右走
                 { 1, 0},   //向下走
                 { 0,-1},   //向左走
                 {-1, 0} };//向上走
```

接下来便开始扩展，也就是广度优先搜索的核心部分。

```
while(head<tail)
{
    //枚举4个方向
    for(k=0;k<=3;k++)
    {
        //尝试走的下一个点的坐标
        tx=que[head].x+next[k][0];
        ty=que[head].y+next[k][1];

        //判断是否越界
        if(tx<0 || tx>n-1 || ty<0 || ty>m-1)
            continue;

        //判断是否为平地或者曾经走过
        if(a[tx][ty]=='.' && book[tx][ty]==0)
```

```
            {
                //每个点只入队一次,所以需要标记这个点已经走过
                book[tx][ty]=1;
                //插入新扩展的点到队列中
                que[tail].x=tx;
                que[tail].y=ty;
                tail++;

                //统计当前新扩展的点可以消灭的敌人总数
                sum=getnum(tx,ty);
                //更新max的值
                if(sum>max)
                {
                    //如果当前统计出所能消灭的敌人数大于max,则更新max,并用mx和my记录
                    //该点坐标
                    max=sum;
                    mx=tx;
                    my=ty;
                }
            }
        }
        head++;//注意这地方千万不要忘记,当一个点扩展结束后,必须要head++才能对后面的点
               //进行扩展
}
```

以上就是基本的实现过程了。完整的代码如下。

```
#include <stdio.h>
struct   note
{
    int x;//横坐标
    int y;//纵坐标
};
        char a[20][21];  //用来存储地图

int getnum(int i,int j)
{
    int sum,x,y;
    sum=0;//sum用来计数(可以消灭的敌人数),所以需要初始化为0
    //将坐标i,j复制到两个新变量x,y中,以便之后向上下左右四个方向统计可以消灭的敌人数
```

```
//向上统计可以消灭的敌人数
x=i; y=j;
while(a[x][y]!='#')//判断的点是不是墙，如果不是墙就继续
{
    //如果当前的点是敌人，则进行计数
    if(a[x][y]=='G')
        sum++;
    //x--的作用是继续向上统计
    x--;
}

//向下统计可以消灭的敌人数
x=i; y=j;
while(a[x][y]!='#')
{
    if(a[x][y]=='G')
        sum++;
    //x++的作用是继续向下统计
    x++;
}

//向左统计可以消灭的敌人数
x=i; y=j;
while(a[x][y]!='#')
{
    if(a[x][y]=='G')
        sum++;
    //y--的作用是继续向左统计
    y--;
}

//向右统计可以消灭的敌人数
x=i; y=j;
while(a[x][y]!='#')
{
    if(a[x][y]=='G')
        sum++;
    //y++的作用是继续向右统计
    y++;
}
```

```c
        return sum;
}

int main()
{
    struct note que[401];  //假设地图大小不超过20*20,因此队列扩展不会超过400个
    int head,tail;
    int book[20][20]={0};  //定义一个标记数组并全部初始化为0
    int i,j,k,sum,max=0,mx,my,n,m,startx,starty,tx,ty;

    //定义一个用于表示走的方向的数组
    int next[4][2]={ { 0, 1},   //向右走
                     { 1, 0},   //向下走
                     { 0,-1},   //向左走
                     {-1, 0} };//向上走

    //读入n和m,n表示有多少行字符,m表示每行有多少列
    scanf("%d %d %d %d",&n,&m,&startx,&starty);

    //读入n行字符
    for(i=0;i<=n-1;i++)
        scanf("%s",a[i]);

    //队列初始化
    head=1;
    tail=1;
    //往队列插入小人的起始坐标
    que[tail].x=startx;
    que[tail].y=starty;
    tail++;
    book[startx][starty]=1;
    max=getnum(startx,starty);
    mx=startx;
    my=starty;
    //当队列不为空的时候循环
    while(head<tail)
    {
        //枚举4个方向
        for(k=0;k<=3;k++)
        {
```

```c
            //尝试走的下一个点的坐标
            tx=que[head].x+next[k][0];
            ty=que[head].y+next[k][1];

            //判断是否越界
            if(tx<0 || tx>n-1 || ty<0 || ty>m-1)
                continue;

            //判断是否为平地或者曾经走过
            if(a[tx][ty]=='.' && book[tx][ty]==0)
            {
                //每个点只入队一次,所以需要标记这个点已经走过
                book[tx][ty]=1;
                //插入新扩展的点到队列中
                que[tail].x=tx;
                que[tail].y=ty;
                tail++;

                //统计当前新扩展的点可以消灭的敌人总数
                sum=getnum(tx,ty);
                //更新max的值
                if(sum>max)
                {
                    //如果当前统计出所能消灭敌人数大于max,则更新max,并用mx和
                    //my记录该点坐标
                    max=sum;
                    mx=tx;
                    my=ty;
                }
            }
        }
        head++;//注意这地方千万不要忘记,当一个点扩展结束后,必须要head++才能对
               //后面的点进行扩展
    }

    //最后输出这个点和最多可以消灭的敌人总数
    printf("将炸弹放置在(%d,%d)处,可以消灭%d个敌人\n",mx,my,max);

    getchar();getchar();
    return 0;
}
```

可以输入以下数据进行验证。第一行 2 个整数为 $n\ m$，分别表示迷宫的行和列，接下来的 $n$ 行 $m$ 列为地图。

```
13 13 3 3
#############
#GG.GGG#GGG.#
###.#G#G#G#G#
#.......#..G#
#G#.###.#G#G#
#GG.GGG.#.GG#
#G#.#G#.#.#.#
##G...G.....#
#G#.#G###.#G#
#...G#GGG.GG#
#G#.#G#G#.#G#
#GG.GGG#G.GG#
#############
```

运行结果是：

将炸弹放置在(7,11)处，最多可以消灭10个敌人

当然也可以用深度优先搜索来做，也是从小人所在点开始向右走。每走到一个新点就统计该点可以消灭的敌人数，并从该点继续尝试往下走，直到无路可走的时候返回，再尝试走其他方向，直到将所有可以走到的点都访问一遍，程序结束。请参考以下代码。

```
void dfs(int x,int y)
{
    //计算当前这个点可以消灭的敌人总数
    sum=getnum(x,y);
    //更新max的值和该点的坐标
    if(sum>max)
    {   max=sum;   mx=x;   my=y;   }
    
    //枚举4个方向
    for(k=0;k<=3;k++)
    {
        //下一个结点的坐标
```

```
            tx=x+next[k][0];
            ty=y+next[k][1];
            //判断是否越界
            if(tx<0 || tx>n-1 || ty<0 || ty>m-1)
                    continue;
            //判断是否围墙或者已经走过
            if(a[tx][ty]=='.' && book[tx][ty]==0)
            {
                book[tx][ty]=1;//标记这个点已走过
                dfs(tx,ty);//开始尝试下一个点
            }
        }
        return ;
}
```

完整代码如下。

```
#include <stdio.h>
char a[20][21];
int book[20][20],max,mx,my,n,m;
int getnum(int i,int j)
{
    int sum,x,y;
    sum=0;//sum用来计数（可以消灭的敌人数），所以需要初始化为0
    //将坐标i,j复制到两个新变量x,y中，以便之后向上下左右四个方向统计可以消灭的敌人数
    //向上统计可以消灭的敌人数
    x=i; y=j;
    while(a[x][y]!='#')//判断当前的点是不是墙，如果不是墙就继续
    {
        //如果当前的点是敌人，则进行计数
        if(a[x][y]=='G')
            sum++;
        //x--的作用是继续向上统计
        x--;
    }

    //向下统计可以消灭的敌人数
    x=i; y=j;
    while(a[x][y]!='#')
```

```
        {
            if(a[x][y]=='G')
                sum++;
            //x++的作用是继续向下统计
            x++;
        }

        //向左统计可以消灭的敌人数
        x=i; y=j;
        while(a[x][y]!='#')
        {
            if(a[x][y]=='G')
                sum++;
            //y--的作用是继续向左统计
            y--;
        }

        //向右统计可以消灭的敌人数
        x=i; y=j;
        while(a[x][y]!='#')
        {
            if(a[x][y]=='G')
                sum++;
            //y++的作用是继续向右统计
            y++;
        }
        return sum;
}

void dfs(int x,int y)
{
    //定义一个用于表示走的方向的数组
    int next[4][2]={ { 0, 1},   //向右走
                     { 1, 0},   //向下走
                     { 0,-1},   //向左走
                     {-1, 0} };//向上走
    int k,sum,tx,ty;
```

```
        //计算当前这个点可以消灭的敌人总数
        sum=getnum(x,y);

        //更新max的值
        if(sum>max)
        {
            //如果当前的点统计出的所能消灭的敌人数大于max，则更新max，并用mx和my记录
            //当前点的坐标
            max=sum;
            mx=x;
            my=y;
        }

        //枚举4个方向
        for(k=0;k<=3;k++)
        {
            //下一个结点的坐标
            tx=x+next[k][0];
            ty=y+next[k][1];
            //判断是否越界
            if(tx<0 || tx>n-1 || ty<0 || ty>m-1)
                continue;
            //判断是否围墙或者已经走过
            if(a[tx][ty]=='.' && book[tx][ty]==0)
            {
                book[tx][ty]=1;//标记这个点已走过
                dfs(tx,ty);//开始尝试下一个点
            }
        }
        return ;
}

int main()
{

    int i,startx,starty;

    //读入n和m，n表示有多少行字符，m表示每行有多少列
```

```
    scanf("%d %d %d %d",&n,&m,&startx,&starty);
    
    //读入n行字符
    for(i=0;i<=n-1;i++)
        scanf("%s",a[i]);
    
    //从小人所站的位置开始尝试
    book[startx][starty]=1;
    max=getnum(startx,starty);
    mx=startx;
    my=starty;
    dfs(startx,starty);
    
    printf("将炸弹放置在(%d,%d),最多可以消灭%d个敌人\n",mx,my,max);
    
    getchar();getchar();
    return 0;
}
```

## 第 5 节　宝岛探险

## 第4章 万能的搜索

小哼通过秘密方法得到一张不完整的钓鱼岛航拍地图。钓鱼岛由一个主岛和一些附属岛屿组成，小哼决定去钓鱼岛探险。下面这个 10*10 的二维矩阵就是钓鱼岛的航拍地图。图中数字表示海拔，0 表示海洋，1~9 都表示陆地。小哼的飞机将会降落在(6,8)处，现在需要计算出小哼降落地所在岛的面积（即有多少个格子）。注意此处我们把与小哼降落点上下左右相链接的陆地均视为同一岛屿。

| 1 | 2 | 1 | 0 | 0 | 0 | 0 | 0 | 2 | 3 |
|---|---|---|---|---|---|---|---|---|---|
| 3 | 0 | 2 | 0 | 1 | 2 | 1 | 0 | 1 | 2 |
| 4 | 0 | 1 | 0 | 1 | 2 | 3 | 2 | 0 | 1 |
| 3 | 2 | 0 | 0 | 0 | 1 | 2 | 4 | 0 | 0 |
| 0 | 0 | 0 | 0 | 0 | 0 | 1 | 5 | 3 | 0 |
| 0 | 1 | 2 | 1 | 0 | 1 | 5 | 4 | 3 | 0 |
| 0 | 1 | 2 | 3 | 1 | 3 | 6 | 2 | 1 | 0 |
| 0 | 0 | 3 | 4 | 8 | 9 | 7 | 5 | 0 | 0 |
| 0 | 0 | 0 | 3 | 7 | 8 | 6 | 0 | 1 | 2 |
| 0 | 0 | 0 | 0 | 0 | 0 | 0 | 0 | 1 | 0 |

搞清楚问题之后。你会发现其实就是从(6,8)开始广度优先搜索。每次需要向上下左右四个方向扩展，当扩展出的点大于 0 时就加入队列，直到队列扩展完毕。所有被加入到队列的点的总数就是小岛的面积。假设地图的大小不超过 50*50。代码实现如下。

```c
#include <stdio.h>
struct note
{
    int x;//横坐标
    int y;//纵坐标
};
int main()
{
    struct note que[2501];
    int head,tail;
    int a[51][51];
    int book[51][51]={0};
    int i,j,k,sum,max=0,mx,my,n,m,startx,starty,tx,ty;
```

```
//定义一个方向数组
int next[4][2]={{ 0, 1}, //向右走
                { 1, 0}, //向下走
                { 0,-1}, //向左走
                {-1, 0}};//向上走
//读入n行m列以及小哼降落的坐标
scanf("%d %d %d %d",&n,&m,&startx,&starty);

//读入地图
for(i=1;i<=n;i++)
    for(j=1;j<=m;j++)
        scanf("%d",&a[i][j]);

//队列初始化
head=1;
tail=1;
//往队列插入降落的起始坐标
que[tail].x=startx;
que[tail].y=starty;
tail++;
book[startx][starty]=1;
sum=1;

//当队列不为空的时候循环
while(head<tail)
{
    //枚举4个方向
    for(k=0;k<=3;k++)
    {
        //计算下一步的坐标
        tx=que[head].x+next[k][0];
        ty=que[head].y+next[k][1];

        //判断是否越界
        if(tx<1 || tx>n || ty<1 || ty>m)
            continue;

        //判断是否是陆地或者曾经是否走过
        if(a[tx][ty]>0 && book[tx][ty]==0)
        {
```

## 第 4 章 万能的搜索

```
                    sum++;
                    //每个点只入队一次,所以需要标记这个点已经走过
                    book[tx][ty]=1;
                    //将新扩展的点加入队列
                    que[tail].x=tx;
                    que[tail].y=ty;
                    tail++;
                }
            }
        head++;//注意这地方千万不能忘记
        //当一个点扩展结束后,head++才能继续往下扩展
    }
    //最后输出岛屿的大小
    printf("%d\n",sum);

    getchar();getchar();
    return 0;
}
```

可以输入以下数据进行验证。第一行 4 个整数为 *n m startx starty*,分别表示地图的行和列,以及降落的初始坐标。接下来的 *n* 行 *m* 列为地图。

```
10 10 6 8
1 2 1 0 0 0 0 0 2 3
3 0 2 0 1 2 1 0 1 2
4 0 1 0 1 2 3 2 0 1
3 2 0 0 0 1 2 4 0 0
0 0 0 0 0 0 1 5 3 0
0 1 2 1 0 1 5 4 3 0
0 1 2 3 1 3 6 2 1 0
0 0 3 4 8 9 7 5 0 0
0 0 0 3 7 8 6 0 1 2
0 0 0 0 0 0 0 0 1 0
```

运行结果是:

```
38
```

从(6,8)开始搜索,可以扩展出的点如下(阴影部分)。

| 1 | 2 | 1 | 0 | 0 | 0 | 0 | 0 | 2 | 3 |
|---|---|---|---|---|---|---|---|---|---|
| 3 | 0 | 2 | 0 | 1 | 2 | 1 | 0 | 1 | 2 |
| 4 | 0 | 1 | 0 | 1 | 2 | 3 | 2 | 0 | 1 |
| 3 | 2 | 0 | 0 | 0 | 1 | 2 | 4 | 0 | 0 |
| 0 | 0 | 0 | 0 | 0 | 0 | 1 | 5 | 3 | 0 |
| 0 | 1 | 2 | 1 | 0 | 1 | 5 | 4 | 3 | 0 |
| 0 | 1 | 2 | 3 | 1 | 3 | 6 | 2 | 1 | 0 |
| 0 | 0 | 3 | 4 | 8 | 9 | 7 | 5 | 0 | 0 |
| 0 | 0 | 0 | 3 | 7 | 8 | 6 | 0 | 1 | 2 |
| 0 | 0 | 0 | 0 | 0 | 0 | 0 | 0 | 1 | 0 |

当然也可以用深度优先搜索的方法来做，代码如下。

```c
#include <stdio.h>
int a[51][51];
int book[51][51],n,m,sum;
void dfs(int x,int y)
{
    //定义一个方向数组
    int next[4][2]={{ 0, 1}, //向右走
                    { 1, 0}, //向下走
                    { 0,-1}, //向左走
                    {-1, 0}};//向上走
    int k,tx,ty;
    
    //枚举4个方向
    for(k=0;k<=3;k++)
    {
        //计算下一步的坐标
        tx=x+next[k][0];
        ty=y+next[k][1];
        //判断是否越界
        if(tx<1 || tx>n || ty<1 || ty>m)
            continue;
        //判断是否是陆地
        if(a[tx][ty]>0 && book[tx][ty]==0)
        {
```

```
            sum++;
            book[tx][ty]=1;//标记这个点已走过
            dfs(tx,ty);//开始尝试下一个点
        }
    }
    return ;
}

int main()
{
    int i,j,startx,starty;
    scanf("%d %d %d %d",&n,&m,&startx,&starty);
    //读入地图
    for(i=1;i<=n;i++)
        for(j=1;j<=m;j++)
            scanf("%d",&a[i][j]);

    book[startx][starty]=1;
    sum=1;
    //从降落的位置开始
    dfs(startx,starty);
    //最后输出岛屿的大小
    printf("%d\n",sum);
    getchar();getchar();
    return 0;
}
```

上面这种方法又叫做着色法：以某个点为源点对其邻近的点进行着色。比如我们可以将上面的代码稍加改动，将小哼降落的岛都改为-1，表示该岛已经被小哼玩遍了。如下：

| 1 | 2 | 1 | 0 | 0 | 0 | 0 | 0 | 2 | 3 |
|---|---|---|---|---|---|---|---|---|---|
| 3 | 0 | 2 | 0 | -1 | -1 | -1 | 0 | 1 | 2 |
| 4 | 0 | 1 | 0 | -1 | -1 | -1 | -1 | 0 | 1 |
| 3 | 2 | 0 | 0 | 0 | -1 | -1 | -1 | 0 | 0 |
| 0 | 0 | 0 | 0 | 0 | 0 | -1 | -1 | -1 | 0 |
| 0 | -1 | -1 | -1 | 0 | -1 | -1 | -1 | -1 | 0 |
| 0 | -1 | -1 | -1 | -1 | -1 | -1 | -1 | -1 | 0 |
| 0 | 0 | -1 | -1 | -1 | -1 | -1 | -1 | 0 | 0 |
| 0 | 0 | 0 | -1 | -1 | -1 | -1 | 0 | 1 | 2 |
| 0 | 0 | 0 | 0 | 0 | 0 | 0 | 0 | 1 | 0 |

要实现这个需求只需在 dfs() 函数中加一个参数 color 就可以了，color 表示该岛屿所需要染的颜色，具体实现方法请注意下面代码中加粗的语句。

```c
#include <stdio.h>
int a[51][51];
int book[51][51],n,m,sum;
void dfs(int x,int y,int color)
{
    //定义一个方向数组
    int next[4][2]={{ 0, 1},//向右走
                    { 1, 0},//向下走
                    { 0,-1},//向左走
                    {-1, 0}};//向上走
    int k,tx,ty;
    a[x][y]=color; //对a[x][y]这个格子进行染色
    //枚举4个方向
    for(k=0;k<=3;k++)
    {
        //下一步的坐标
        tx=x+next[k][0];
        ty=y+next[k][1];
        //判断是否越界
        if(tx<1 || tx>n || ty<1 || ty>m)
            continue;
```

```c
        //判断是否是陆地
        if(a[tx][ty]>0 && book[tx][ty]==0)
        {
            sum++;
            book[tx][ty]=1;//标记这个点已走过
            dfs(tx,ty,color);//开始尝试下一个点
        }
    }
    return ;
}

int main()
{
    int i,j,startx,starty;
    scanf("%d %d %d %d",&n,&m,&startx,&starty);
    //读入地图
    for(i=1;i<=n;i++)
        for(j=1;j<=m;j++)
            scanf("%d",&a[i][j]);
    book[startx][starty]=1;
    sum=1;
    //从降落的位置开始
    dfs(startx,starty,-1);

    //输出已经染色后的地图
    for(i=1;i<=n;i++)
    {
        for(j=1;j<=m;j++)
        {
            printf("%3d",a[i][j]); //%3d中的3是C语言中的场宽
        }
        printf("\n");
    }
    getchar();getchar();
    return 0;
}
```

可以输入以下数据进行验证:

```
10 10 6 8
1 2 1 0 0 0 0 0 2 3
3 0 2 0 1 2 1 0 1 2
4 0 1 0 1 2 3 2 0 1
3 2 0 0 0 1 2 4 0 0
0 0 0 0 0 0 1 5 3 0
0 1 2 1 0 1 5 4 3 0
0 1 2 3 1 3 6 2 1 0
0 0 3 4 8 9 7 5 0 0
0 0 0 3 7 8 6 0 1 2
0 0 0 0 0 0 0 0 1 0
```

运行结果是:

```
1   2   1   0   0   0   0   0   2   3
3   0   2   0  -1  -1  -1   0   1   2
4   0   1   0  -1  -1  -1  -1   0   1
3   2   0   0   0  -1  -1  -1   0   0
0   0   0   0   0   0  -1  -1  -1   0
0  -1  -1  -1   0  -1  -1  -1  -1   0
0  -1  -1  -1  -1  -1  -1  -1  -1   0
0   0  -1  -1  -1  -1  -1  -1   0   0
0   0   0  -1  -1  -1  -1   0   1   2
0   0   0   0   0   0   0   0   1   0
```

如果想知道这个地图中有多少个独立的小岛又该怎么做呢？很简单，只需要对地图上的每一个大于 0 的点都进行一遍深度优先搜索即可。因为等于 0 的点是海洋，小于 0 的点是已经被染色的小岛，我们可以从(1,1)开始，一直枚举到(n, m)，对每个点进行尝试染色。

```c
#include <stdio.h>
int a[51][51];
int book[51][51],n,m,sum;
void dfs(int x,int y,int color)
{
    //定义一个方向数组
    int next[4][2]={{ 0, 1}, //向右走
                    { 1, 0}, //向下走
                    { 0,-1}, //向左走
                    {-1, 0}};//向上走
    int k,tx,ty;
```

```c
            a[x][y]=color;  //对a[x][y]这个格子进行染色
            //枚举4个方向
            for(k=0;k<=3;k++)
            {
                //下一步的坐标
                tx=x+next[k][0];
                ty=y+next[k][1];
                //判断是否越界
                if(tx<1 || tx>n || ty<1 || ty>m)
                    continue;
                //判断是否是陆地
                if(a[tx][ty]>0 && book[tx][ty]==0)
                {
                    sum++;
                    book[tx][ty]=1;//标记这个点已走过
                    dfs(tx,ty,color);//开始尝试下一个点
                }
            }
    return ;
}

int main()
{
    int i,j,num=0;
    scanf("%d %d",&n,&m);
    //读入地图
    for(i=1;i<=n;i++)
        for(j=1;j<=m;j++)
            scanf("%d",&a[i][j]);

    //对每一个大于0的点尝试进行dfs染色
    for(i=1;i<=n;i++)
    {
        for(j=1;j<=m;j++)
        {
            if(a[i][j]>0)
            {
                num--;//小岛需要染的颜色的编号
                //每发现一个小岛应染以不同的颜色,因此每次要-1
                book[i][j]=1;
```

```
                dfs(i,j,num);
            }
        }
    }

    //输出已经染色后的地图
    for(i=1;i<=n;i++)
    {
        for(j=1;j<=m;j++)
        {
            printf("%3d",a[i][j]); //%3d中的3是C语言中的场宽
        }
        printf("\n");
    }
    //输出小岛的个数
    printf("有%d个小岛\n",-num);
    getchar();getchar();
    return 0;
}
```

可以输入以下数据进行验证。

```
10 10
1 2 1 0 0 0 0 0 2 3
3 0 2 0 1 2 1 0 1 2
4 0 1 0 1 2 3 2 0 1
3 2 0 0 0 1 2 4 0 0
0 0 0 0 0 0 1 5 3 0
0 1 2 1 0 1 5 4 3 0
0 1 2 3 1 3 6 2 1 0
0 0 3 4 8 9 7 5 0 0
0 0 0 3 7 8 6 0 1 2
0 0 0 0 0 0 0 0 1 0
```

运行结果如下：

```
 -1 -1 -1  0  0  0  0  0 -2 -2
 -1  0 -1  0 -3 -3 -3  0 -2 -2
 -1  0 -1  0 -3 -3 -3 -3  0 -2
 -1 -1  0  0  0 -3 -3 -3  0  0
```

```
0  0  0  0  0  0 -3 -3 -3  0
0 -3 -3 -3  0 -3 -3 -3 -3  0
0 -3 -3 -3 -3 -3 -3 -3 -3  0
0  0 -3 -3 -3 -3 -3 -3  0  0
0  0  0 -3 -3 -3 -3  0 -4 -4
0  0  0  0  0  0  0  0 -4  0
```

有4个小岛

其实这就是求一个图中独立子图的个数。这个算法就是鼎鼎大名的 Floodfill 漫水填充法（也称种子填充法）。Floodfill 在计算机图形学中有着非常广泛的运用，比如图像分割、物体识别等等。另外我们熟知的 Windows 下"画图"软件的油漆桶工具就是基于这个算法的。当你需要给某个密闭区域涂色或者更改某个密闭区域的颜色时，程序自动选中与种子点（鼠标左键单击的位置）周边颜色相同的区域，接着将该区域替换成指定的颜色。Photoshop 的魔术棒选择工具也可以基于这个算法实现。具体的算法是：查找种子点周边的点，将与种子点颜色相近的点（可以设置一个阈值）入队作为新种子，并对新入队的种子也进行同样的扩展操作，这样就选取了和最初种子相近颜色的区域。

## 第6节 水管工游戏

这小节有点难，看不太懂可以跳过哦。

最近小哼又迷上一个叫做水管工的游戏。游戏的大致规则是这样的。一块矩形土地被分为 $N*M$ 的单位正方形，现在这块土地上已经埋设有一些水管，水管将从坐标为(1,1)的矩形土地的左上角左部边缘，延伸到坐标为($N, M$)的矩形土地的右下角右部边缘。水管只有2种，如下图所示。

每种管道将占据一个单位正方形土地。你现在可以旋转这些管道，使其构成一个管道系统，即创造一条从(1,1)到($N, M$)的连通管道。标有树木的方格表示这里没有管道。如下图表示一个 5*4 的土地中(2,4)处有一个树木。

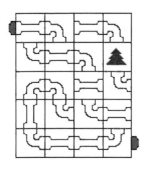

我们可以旋转其中的一些管道，使之构成一个连通的管道系统，如下图。

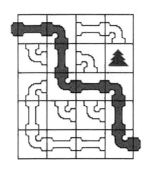

如果通过旋转管道可以使之构成一个连通的管道系统，就输出铺设的路径，否则输出 impossible。例如输入如下数据。

```
5 4
5 3 5 3
1 5 3 0
2 3 5 1
6 1 1 5
1 5 5 4
```

输出：

```
(1,1) (1,2) (2,2) (3,2) (3,3) (3,4) (4,4) (5,4)
```

输入的第一行为两个整数 $N$ 和 $M$（都不超过 10），接下来的 $N$ 行，每行有 $M$ 个整数，表示地图中的每一小格。其中 0 表示树木，1~6 分别表示管道的六种不同的摆放方式，如下图。

# 第 4 章　万能的搜索

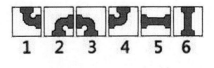

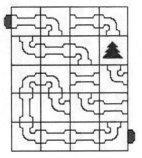

因为只有两种水管，一种是弯管一种是直管。弯管有 4 种状态，直管有 2 种状态。首先从(1,1)处开始尝试。(1,1)是直管，并且进水口在左边，因此(1,1)处的水管只能使用 5 号这种摆放方式，如下图。

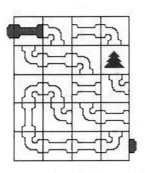 

之后达到(1,2)。(1,2)是弯管，进水口在左边，因此(1,2)的水管有 2 种摆放方式，分别是 3 号和 4 号。我们先尝试 3 号这种摆放方法（其实摆放 4 号是不行的，因为会出界），之后到达(2,2)，如下图。

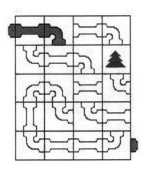 

(2,2)是直管，并且进水口在上面，因此也只能使用 6 号这种摆放方式，接下来到(3,2)，如下图。

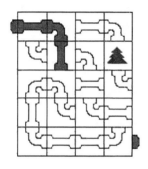 

(3,2)是弯管，并且进水口在上面，因此有 2 种摆放方式，分别是 1 号和 4 号，如下图。

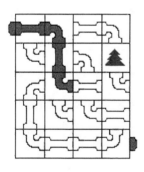 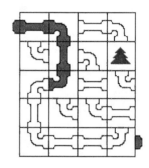

这两种都可以，我们要分别去尝试……按照上面的方法，直到($n$, $m$+1)的时候为止，便产生了一种方案。请想一想为什么是($n$, $m$+1)而不是($n$, $m$)呢。

接下来讲实现。这里仍然可以使用深度优先搜索来解决。当处在第 $x$ 行第 $y$ 列格子的时候，需要依次枚举当前管道的每一张摆放方式，直管有 2 种，弯管有 4 种。此外并不是每一种都可以，还需要判断进水口的方向才行，为了后面程序处理方便，这里将进水口在左边用 1 表示，进水口在上边用 2 表示，进水口在右边用 3 表示，进水口在下边用 4 表示。dfs()函数的写法如下。

```
void dfs(int x,int y,int front)//x和y表示当前处理格子的坐标，front表示进水口方向
{
    //判断是否越界
    if(x<1 || x>n || y<1 || y>m)
        return ;
```

```
    //判断这个管道是否在路径中已经使用过
    if(book[x][y]==1)
        return ;
    book[x][y]=1;//标记使用当前这个管道

    //当前水管是直管的情况
    if( a[x][y]>=5 && a[x][y]<=6 )
    {
        if(front==1)//进水口在左边的情况
        {
            dfs(x,y+1,1); //只能使用5号这种摆放方式
        }
        if(front==2)//进水口在上边的情况
        {
            dfs(x+1,y,2); //只能使用6号这种摆放方式
        }
        if(front==3)//进水口在右边的情况
        {
            dfs(x,y-1,3); //只能使用5号这种摆放方式
        }
        if(front==4)//进水口在下边的情况
        {
            dfs(x-1,y,4); //只能使用6号这种摆放方式
        }
    }
    book[x][y]=0;//取消标记
    return ;
}
```

上面的代码指只处理当前管道是直管的情况，弯管的处理方法也是一样的。此外，当到达(n, m+1)这个点的时候就表明已经产生了铺设方案。完整代码实现如下。

```
#include <stdio.h>
int a[51][51]; //假设土地的大小不超过50*50
int book[51][51],n,m,flag=0;
void dfs(int x,int y,int front)
{
    //判断是否到达终点，请注意这里y的坐标是m+1，想一想为什么
    //另外判断是否到达终点一定要放在越界判断前面
```

```
if(x==n && y==m+1)
{
    flag=1;//找到铺设方案
    return;
}

//判断是否越界
if(x<1 || x>n || y<1 || y>m)
    return ;
//判断这个管道是否在路径中已经使用过
if(book[x][y]==1)
    return ;
book[x][y]=1;//标记使用当前这个管道

//当前水管是直管的情况
if( a[x][y]>=5 && a[x][y]<=6 )
{
    if(front==1)//进水口在左边的情况
    {
        dfs(x,y+1,1); //只能使用5号这种摆放方式
    }
    if(front==2)//进水口在上边的情况
    {
        dfs(x+1,y,2); //只能使用6号这种摆放方式
    }
    if(front==3)//进水口在右边的情况
    {
        dfs(x,y-1,3); //只能使用5号这种摆放方式
    }
    if(front==4)//进水口在下边的情况
    {
        dfs(x-1,y,4); //只能使用6号这种摆放方式
    }
}

//当前水管是弯管的情况
if( a[x][y]>=1 && a[x][y]<=4 )
{
    if(front==1)//进水口在左边的情况
    {
```

```
                dfs(x+1,y,2);//3号状态
                dfs(x-1,y,4);//4号状态
            }
            if(front==2)//进水口在上边的情况
            {
                dfs(x,y+1,1);//1号状态
                dfs(x,y-1,3);//4号状态
            }
            if(front==3)//进水口在右边的情况
            {
                dfs(x-1,y,4);//1号状态
                dfs(x+1,y,2);//2号状态
            }
            if(front==4)//进水口在下边的情况
            {
                dfs(x,y+1,1);//2号状态
                dfs(x,y-1,3);//3号状态
            }
        }

        book[x][y]=0;//取消标记
        return ;
}

int main()
{
    int i,j,num=0;
    scanf("%d %d",&n,&m);
    //读入游戏地图
    for(i=1;i<=n;i++)
        for(j=1;j<=m;j++)
            scanf("%d",&a[i][j]);
    //开始搜索,从1,1点开始,进水方向也是1
    dfs(1,1,1);
    //判断是否找到铺设方案
    if(flag==0)
        printf("impossible\n");
    else
        printf("找到铺设方案\n");
```

```
            getchar();getchar();
            return 0;
        }
```

可以输入以下数据进行验证。

```
5 4
5 3 5 3
1 5 3 0
2 3 5 1
6 1 1 5
1 5 5 4
```

运行结果是：

找到铺设方案

但是上面的代码并没有解决我们最初的要求"输出路径"。我们只需在代码中加入一个栈，就可以输出路径，请注意下面代码中加粗的语句。

```
#include <stdio.h>
int a[51][51]; //假设土地的大小不超过50*50
int book[51][51],n,m,flag=0;
struct  note
{
    int x;//横坐标
    int y;//纵坐标
}s[100];
int top=0;
void dfs(int x,int y,int front)
{
    int i;
    //判断是否到达终点，请注意这里y的坐标是m+1，想一想为什么
    if(x==n && y==m+1)
    {
        flag=1;//找到铺设方案
        for(i=1;i<=top;i++)
            printf("(%d,%d) ",s[i].x,s[i].y);
        return;
    }
```

```
//判断是否越界
if(x<1 || x>n || y<1 || y>m)
    return ;
//判断这个管道是否在路径中已经使用过
if(book[x][y]==1)
    return ;
book[x][y]=1;//标记使用当前这个管道

//将当前尝试的坐标入栈
top++;
s[top].x=x;
s[top].y=y;

//当前水管是直管的情况
if( a[x][y]>=5 && a[x][y]<=6 )
{
    if(front==1)//进水口在左边的情况
    {
        dfs(x,y+1,1); //只能使用5号这种摆放方式
    }
    if(front==2)//进水口在上边的情况
    {
        dfs(x+1,y,2); //只能使用6号这种摆放方式
    }
    if(front==3)//进水口在右边的情况
    {
        dfs(x,y-1,3); //只能使用5号这种摆放方式
    }
    if(front==4)//进水口在下边的情况
    {
        dfs(x-1,y,4); //只能使用6号这种摆放方式
    }
}

//当前水管是弯管的情况
if( a[x][y]>=1 && a[x][y]<=4)
{
    if(front==1)//进水口在左边的情况
    {
        dfs(x+1,y,2);//3号状态
        dfs(x-1,y,4);//4号状态
```

```
            }
            if(front==2)//进水口在上边的情况
            {
                dfs(x,y+1,1);//1号状态
                dfs(x,y-1,3);//4号状态
            }
            if(front==3)//进水口在右边的情况
            {
                dfs(x-1,y,4);//1号状态
                dfs(x+1,y,2);//2号状态
            }
            if(front==4)//进水口在下边的情况
            {
                dfs(x,y+1,1);//2号状态
                dfs(x,y-1,3);//3号状态
            }
        }

        book[x][y]=0;//取消标记
        top--;  //将当前尝试的坐标出栈
        return ;
}

int main()
{
    int i,j,num=0;
    scanf("%d %d",&n,&m);
    //读入游戏地图
    for(i=1;i<=n;i++)
        for(j=1;j<=m;j++)
            scanf("%d",&a[i][j]);
    //开始搜索,从1,1点开始,进水方向也是1
    dfs(1,1,1);
    //判断是否找到铺设方案
    if(flag==0)
        printf("impossible\n");

    getchar();getchar();
    return 0;
}
```

## 第4章 万能的搜索

可以输入以下数据进行验证。

```
5 4
5 3 5 3
1 5 3 0
2 3 5 1
6 1 1 5
1 5 5 4
```

运行结果是：

(1,1) (1,2) (2,2) (3,2) (3,3) (3,4) (4,4) (5,4)

# 第5章

# 图的遍历

## 第 1 节　深度和广度优先究竟是指啥

前面我们已经学习过深度和广度优先搜索。为什么叫做深度和广度呢？其实是针对图的遍历而言的，请看下面这个图。

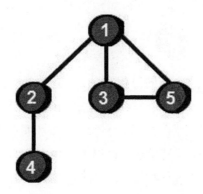

哦，忘记说了什么是图。简单地说，图就是由一些小圆点（称为顶点）和连接这些小圆点的直线（称为边）组成的。例如上图是由五个顶点（编号为 1、2、3、4、5）和 5 条边（1-2、1-3、1-5、2-4、3-5）组成。

现在我们从 1 号顶点开始遍历这个图，遍历就是指把图的每一个顶点都访问一次。使用深度优先搜索来遍历这个图将会得到如下的结果。

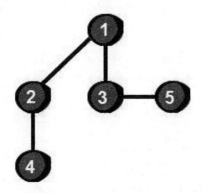

这五个顶点的被访问顺序如下图。图中每个顶点右上方的数就表示这个顶点是第几个被访问到的，我们还为这个数起了很好听的名字——时间戳。

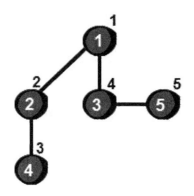

　　使用深度优先搜索来遍历这个图的过程具体是：首先从一个未走到过的顶点作为起始顶点，比如以 1 号顶点作为起点。沿 1 号顶点的边去尝试访问其它未走到过的顶点，首先发现 2 号顶点还没有走到过，于是来到了 2 号顶点。再以 2 号顶点作为出发点继续尝试访问其它未走到过的顶点，这样又来到了 4 号顶点。再以 4 号顶点作为出发点继续尝试访问其它未走到过的顶点。但是，此时沿 4 号顶点的边，已经不能访问到其它未走到过的顶点了，所以需要返回到 2 号顶点。返回到 2 号顶点后，发现沿 2 号顶点的边也不能再访问到其它未走到过的顶点。因此还需要继续返回到 1 号顶点。再继续沿 1 号顶点的边看看还能否访问到其它未走到过的顶点。此时又会来到 3 号顶点，再以 3 号顶点作为出发点继续访问其它未走到过的顶点，于是又来到 5 号顶点。到此，所有顶点都走到过了，遍历结束。

　　深度优先遍历的主要思想就是：首先以一个未被访问过的顶点作为起始顶点，沿当前顶点的边走到未访问过的顶点；当没有未访问过的顶点时，则回到上一个顶点，继续试探访问别的顶点，直到所有的顶点都被访问过。显然，深度优先遍历是沿着图的某一条分支遍历直到末端，然后回溯，再沿着另一条进行同样的遍历，直到所有的顶点都被访问过为止。那这一过程如何用代码来实现呢？在讲代码实现之前我们先来解决如何存储一个图的问题。最常用的方法是使用一个二维数组 e 来存储，如下。

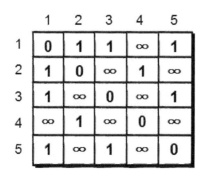
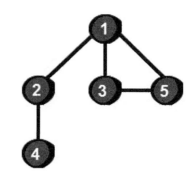

上图二维数组中第 $i$ 行第 $j$ 列表示的就是顶点 $i$ 到顶点 $j$ 是否有边。1 表示有边，∞ 表示没有边，这里我们将自己到自己（即 $i$ 等于 $j$）设为 0。我们将这种存储图的方法称为图的邻接矩阵存储法。

注意观察的同学会发现这个二维数组是沿主对角线对称的，因为上面这个图是无向图。所谓无向图指的就是图的边没有方向，例如边 1-5 表示，1 号顶点可以到 5 号顶点，5 号顶点也可以到 1 号顶点。

接下来要解决的问题就是如何用深度优先搜索来实现遍历了。

```
void dfs(int cur)//cur是当前所在的顶点编号
{
    printf("%d ",cur);
    sum++;//每访问一个顶点sum就加1
    if(sum==n)   return ;//所有的顶点都已经访问过则直接退出
    for(i=1;i<=n;i++)//从1号顶点到n号顶点依次尝试，看哪些顶点与当前顶点cur有边相连
    {
        //判断当前顶点cur到顶点i是否有边，并判断顶点i是否已访问过
        if(e[cur][i]==1 && book[i]==0)
        {
            book[i]=1;//标记顶点i已经访问过
            dfs(i);//从顶点i再出发继续遍历
        }
    }
    return;
}
```

在上面的代码中变量 cur 存储的是当前正在遍历的顶点，二维数组 e 存储的就是图的边（邻接矩阵），数组 book 用来记录哪些顶点已经访问过，变量 sum 用来记录已经访问过多少个顶点，变量 n 存储的是图的顶点的总个数。完整代码如下。

```
#include <stdio.h>
int book[101],sum,n,e[101][101];
void dfs(int cur)//cur是当前所在的顶点编号
{
    int i;
    printf("%d ",cur);
    sum++;//每访问一个顶点，sum就加1
    if(sum==n)   return ;//所有的顶点都已经访问过则直接退出
```

```c
        for(i=1;i<=n;i++)//从1号顶点到n号顶点依次尝试,看哪些顶点与当前顶点cur有边相连
        {
            //判断当前顶点cur到顶点i是否有边,并判断顶点i是否已访问过
            if(e[cur][i]==1 && book[i]==0)
            {
                book[i]=1;//标记顶点i已经访问过
                dfs(i);//从顶点i再出发继续遍历
            }
        }
        return;
}
int main()
{
    int i,j,m,a,b;
    scanf("%d %d",&n,&m);
    //初始化二维矩阵
    for(i=1;i<=n;i++)
        for(j=1;j<=n;j++)
            if(i==j) e[i][j]=0;
            else e[i][j]=99999999; //我们这里假设99999999为正无穷


    //读入顶点之间的边
    for(i=1;i<=m;i++)
    {
        scanf("%d %d",&a,&b);
        e[a][b]=1;
        e[b][a]=1;//这里是无向图,所以需要将e[b][a]也赋为1
    }

    //从1号顶点出发
    book[1]=1;//标记1号顶点已访问
    dfs(1);//从1号顶点开始遍历

    getchar();getchar();
    return 0;
}
```

可以输入以下数据进行验证。

```
5 5
1 2
1 3
1 5
2 4
3 5
```

运行结果是：

```
1 2 4 3 5
```

以上就是使用深度优先遍历的过程，而使用广度优先搜索来遍历这个图的结果如下。

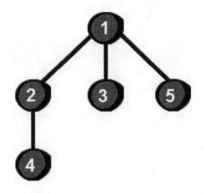

这五个顶点的被访问顺序如下图。

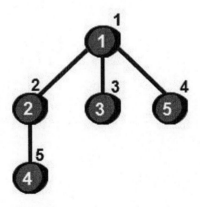

使用广度优先搜索来遍历这个图的过程如下。首先以一个未被访问过的顶点作为起始顶点，比如以 1 号顶点为起点。将 1 号顶点放入到队列中，然后将与 1 号顶点相邻的未访问过的顶点即 2 号、3 号和 5 号顶点依次再放入到队列中。如下图。

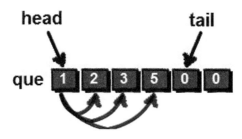

接下来再将 2 号顶点相邻的未访问过的顶点 4 号顶点放入到队列中。到此所有顶点都被访问过，遍历结束。如下图。

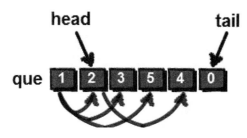

广度优先遍历的主要思想就是：首先以一个未被访问过的顶点作为起始顶点，访问其所有相邻的顶点，然后对每个相邻的顶点，再访问它们相邻的未被访问过的顶点，直到所有顶点都被访问过，遍历结束。代码实现如下。

```
#include <stdio.h>
int main()
{
    int i,j,n,m,a,b,cur,book[101]={0},e[101][101];
    int que[10001],head,tail;
    scanf("%d %d",&n,&m);
    //初始化二维矩阵
    for(i=1;i<=n;i++)
        for(j=1;j<=n;j++)
            if(i==j) e[i][j]=0;
            else e[i][j]=99999999;  //我们这里假设99999999为正无穷


    //读入顶点之间的边
    for(i=1;i<=m;i++)
    {
        scanf("%d %d",&a,&b);
```

```
        e[a][b]=1;
        e[b][a]=1;//这里是无向图，所以需要将e[b][a]也赋值为1
}

//队列初始化
head=1;
tail=1;

//从1号顶点出发，将1号顶点加入队列
que[tail]=1;
tail++;
book[1]=1;//标记1号顶点已访问

//当队列不为空的时候循环
while(head<tail && tail<=n)
{
    cur=que[head];//当前正在访问的顶点编号
    for(i=1;i<=n;i++)//从1~n依次尝试
    {
        //判断从顶点cur到顶点i是否有边，并判断顶点i是否已经访问过
        if(e[cur][i]==1 && book[i]==0)
        {
            //如果从顶点cur到顶点i有边，并且顶点i没有被访问过，则将顶点i入队
            que[tail]=i;
            tail++;
            book[i]=1;//标记顶点i已访问
        }
        //如果tail大于n，则表明所有顶点都已经被访问过
        if(tail>n)
        {
            break;
        }
    }
    head++;//注意这地方，千万不要忘记当一个顶点扩展结束后，head++，然后才能继续
            //往下扩展
}

for(i=1;i<tail;i++)
    printf("%d ",que[i]);
```

```
    getchar();getchar();
    return 0;
}
```

可以输入以下数据进行验证。

```
5 5
1 2
1 3
1 5
2 4
3 5
```

运行结果是：

```
1 2 3 5 4
```

使用深度优先搜索和广度优先搜索来遍历图都将会得到这个图的生成树。那么什么叫做生成树，生成树又有哪些作用呢？我们将在第 8 章详细讨论。本章我们先来看看图有什么作用，它究竟能解决什么实际问题。请看下节——城市地图。

## 第 2 节　城市地图——图的深度优先遍历

暑假小哼想到小哈家里去玩，小哼和小哈住在不同的城市，并且小哼之前从来没有去过小哈家，这是小哼第一次上门。怎么去呢？小哼便想起了百度地图。百度地图一下子就给出了从小哼家到小哈家的最短行车方案。爱思考的小哼想知道百度地图是如何计算出最短行车方案的。下面就是城市的地图。

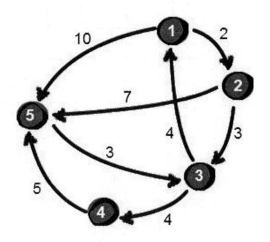

数据是这样给出的，如下。

```
5 8
1 2 2
1 5 10
2 3 3
2 5 7
3 1 4
3 4 4
4 5 5
5 3 3
```

第一行的 5 表示有 5 个城市（城市编号为 1~5），8 表示有 8 条公路。接下来 8 行每行是一条类似"a b c"这样的数据，表示有一条路可以从城市 a 到城市 b，并且路程为 c 公里。需要注意的是这里的公路都是单行的，即"a b c"仅仅表示一条路可以从城市 a 到城市 b，并不表示城市 b 也有一条路可以到城市 a。小哼家在 1 号城市，小哈家在 5 号城市。现在请求出 1 号城市到 5 号城市的最短路程（也叫做最短路径）。

已知有 5 个城市和 8 条公路，我们可以用一个 5*5 的矩阵（二维数组 e）来存储这些信息，如下。

|   | 1 | 2 | 3 | 4 | 5 |
|---|---|---|---|---|---|
| 1 | 0 | 2 | ∞ | ∞ | 10 |
| 2 | ∞ | 0 | 3 | ∞ | 7 |
| 3 | 4 | ∞ | 0 | 4 | ∞ |
| 4 | ∞ | ∞ | ∞ | 0 | 5 |
| 5 | ∞ | ∞ | 3 | ∞ | 0 |

上面这个二维矩阵表示了任意两个城市之间的路程。比如 e[1][2] 的值为 2 就表示从 1 号城市到 2 号城市的路程为 2 公里。∞ 表示无法到达，比如 e[1][3] 的值为 ∞，表示目前从 1 号城市不能到达 3 号城市。另外，此处我们约定一个城市自己到自己的距离是 0。

接下来我们就要寻找从 1 号城市到 5 号城市的最短路程（最短路径）了。首先从 1 号城市出发，那么 1 号城市可以到哪些城市呢？从二维数组 e 的第一行可以看出 1 号城市可以到 2 号城市和 5 号城市。那此时是先到 2 号城市呢，还是先到 5 号城市呢？这里还是需要规定一个顺序，比如按照从 1 到 n 的顺序。现在先选择到 2 号城市，到达 2 号城市后接下来又该怎么办呢？依旧参照刚才对 1 号城市的处理办法，再来看 2 号城市可以到哪些城市。从二维数组 e 的第二行可以看出从 2 号城市可以到 3 号城市和 5 号城市。按照刚才规定好的顺序，我们先到 3 号城市。同理，3 号城市又可以到 4 号城市，4 号城市可以到 5 号城市（5 号城市为最终目标城市），此时我们就已经找出了一条从 1 号城市到 5 号城市的路径，这条路径是 1→2→3→4→5，路径的长度是 14。那是不是算法到此就结束了呢？

还远远没有，因为 1→2→3→4→5 这条路径的长度并不一定是最短的。因此我们还需要再返回到 4 号城市看看还有没有别的路可以让路径更短一点。但是我们发现 4 号城市除了可以到 5 号城市，便没有别的路可以走了。此时需要返回到 3 号城市，我们发现 3 号城市除了一条路通往 4 号城市也没有其他的路了。此时又继续回到 2 号城市，我们发现 2 号城市还有一条路可以到 5 号城市，于是就产生了 1→2→5 这条路径，路径长度为 9。在对 2 号城市的所有路都尝试过后，又返回到了 1 号城市。我们发现 1 号城市还有一条路是通向 5 号城市的，于是又产生了一条路径 1→5，路径长度为 10。至此我们已经找出了所有从 1 号城市到 5 号城市的通路，一共有 3 条，分别是：

1→2→3→4→5    路径长度为 14

1→2→5         路径长度为 9

1→5           路径长度为 10

第 5 章 图的遍历

我们可以用一个全局变量 min 来更新每次找到的路径的最小值,最终找到的最短路径为 9。此外还需要一个 book 数组来记录哪些城市已经走过,以免出现 1→2→3→1 这样的无限死循环。代码如下。

```
#include <stdio.h>
int min=99999999,book[101],n,e[101][101];//我们这里假设99999999为正无穷

//cur是当前所在的城市编号,dis是当前已经走过的路程
void dfs(int cur,int dis)
{
    int j;
    //如果当前走过的路程已经大于之前找到的最短路,则没有必要再往下尝试了,立即返回
    if(dis>min)   return;
    if(cur==n)//判断是否到达了目标城市
    {
        if(dis<min) min=dis;//更新最小值
        return ;
    }

    for(j=1;j<=n;j++)//从1号城市到n号城市依次尝试
    {
        //判断当前城市cur到城市j是否有路,并判断城市j是否在已走过的路径中
        if(e[cur][j]!=99999999 && book[j]==0)
        {
            book[j]=1;//标记城市j已经在路径中
            dfs(j,dis+e[cur][j]);//从城市j再出发,继续寻找目标城市
            book[j]=0;//之前一步探索完毕之后,取消对城市j的标记
        }
    }
    return;
}
int main()
{
    int i,j,m,a,b,c;
    scanf("%d %d",&n,&m);
    //初始化二维矩阵
    for(i=1;i<=n;i++)
        for(j=1;j<=n;j++)
            if(i==j) e[i][j]=0;
```

```
            else e[i][j]=99999999;

    //读入城市之间的道路
    for(i=1;i<=m;i++)
    {
        scanf("%d %d %d",&a,&b,&c);
        e[a][b]=c;
    }

    //从1号城市出发
    book[1]=1;//标记1号城市已经在路径中
    dfs(1,0);//1表示当前所在的城市编号,0表示当前已经走过的路程
    printf("%d",min);//打印1号城市到5号城市的最短路径

    getchar();getchar();
    return 0;
}
```

可以输入以下数据进行验证。

```
5 8
1 2 2
1 5 10
2 3 3
2 5 7
3 1 4
3 4 4
4 5 5
5 3 3
```

运行结果是:

```
9
```

有一点需要注意的是：如何表示正无穷。上面的代码中我们将正无穷定义为99999999。

现在来小结一下图的基本概念。图就是有 $N$ 个顶点和 $M$ 条边组成的集合。这里的城市地图其实就是一个图，图中每个城市就是一个顶点，而两个城市之间的公路则是两个顶点的边。虽然这个定义不是很严谨，但是我想你应该可以听懂。如果想知道图的精确定义，你可以去

百度一些数据结构或者图论中关于图的定义，一串串的公式一定可以满足你 O(∩_∩)O 哈哈~

通过上一节和本节内容我们知道图分为有向图和无向图，如果给图的每条边规定一个方向，那么得到的图称为有向图，其边也称为有向边。在有向图中，与一个点相关联的边有出边和入边之分，而与一个有向边关联的两个点也有始点和终点之分。相反，边没有方向的图称为无向图。我们将上面的城市地图改为无向图后如下。

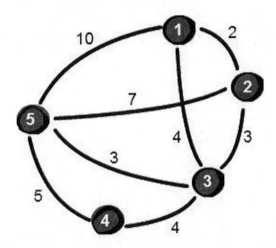

处理无向图和处理有向图的代码几乎是一模一样的。只是在处理无向图初始化的时候有一点需要注意。"a b c"表示城市 a 和城市 b 可以互相到达，路程为 c 公里。因此我们需要将 e[1][2] 和 e[2][1] 都初始化 2，因为这条路是双行道。初始化后的数组 e 如下。

|   | 1 | 2 | 3 | 4 | 5 |
|---|---|---|---|---|---|
| 1 | 0 | 2 | 4 | ∞ | 10 |
| 2 | 2 | 0 | 3 | ∞ | 7 |
| 3 | 4 | 3 | 0 | 4 | ∞ |
| 4 | ∞ | ∞ | 4 | 0 | 5 |
| 5 | 10 | 7 | 3 | 5 | 0 |

你会发现这个表是对称的（上一节我们已经说过），这是无向图的一个特征。在这个无向图中，我们会发现从 1 号城市到 5 号城市的最短路径不再是 1→2→5，而是 1→3→5，路径长度为 7。

本节的解法中我们使用了二维数组来存储这个图（顶点和边的关系），我们知道这种存储方法叫做图的邻接矩阵表示法。存储图的方法还有很多种，比如邻接表等，我们后面再做详细讲解。

此外求图上两点之间的最短路径，除了使用深度优先搜索以外，还可以使用广度优先搜索、Floyd、Bellman-Ford、Dijkstra 等，我们将在下一章再进行详细阐述。

## 第 3 节　最少转机——图的广度优先遍历

小哼和小哈一同坐飞机去旅游，他们现在位于 1 号城市，目标是 5 号城市，可是 1 号城市并没有到 5 号城市的直航。不过小哼已经收集了很多航班的信息，现在小哼希望找到一种乘坐方式，使得转机的次数最少，如何解决呢？

```
5 7 1 5
1 2
1 3
2 3
```

```
2 4
3 4
3 5
4 5
```

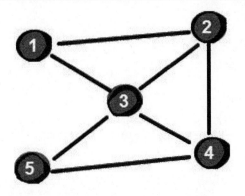

第一行的5表示有5个城市（城市编号为1~5），7表示有7条航线，1表示起点城市，5表示目标城市。接下来7行每行是一条类似"a b"这样的数据表示城市a和城市b之间有航线，也就是说城市a和城市b之间可以相互到达。

这里我们还是使用邻接矩阵来存储图，需要注意的是这里是无向图。城市的编号就是图的顶点，而航班则是两顶点之间的边。小哼要求的是转机次数最少，所以我们可以认为所有边的长度都是1。下面我们用广度优先搜索来解决这个问题。

首先将1号城市入队，通过1号城市我们可以到达（扩展出）2号和3号城市。2号城市又可以扩展出3号城市和4号城市。因为3号城市已经在队列中，所以只需将4号城市入队。接下来3号城市又可以扩展出4号城市和5号城市，因为4号城市也已经在队列中，所以只需将5号城市入队。此时已经找到了目标城市5号城市，算法结束。你可能要问：这里为什么一扩展到5号城市就结束了呢？为什么之前的深度优先搜索却不行呢？自己想一想哦。

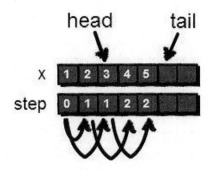

完整代码如下。

```c
#include <stdio.h>
struct note
{
    int x;//城市编号
    int s;//转机次数
};
int main()
{
    struct note que[2501];
    int e[51][51]={0},book[51]={0};
    int head,tail;
    int i,j,n,m,a,b,cur,start,end,flag=0;
    scanf("%d %d %d %d",&n,&m,&start,&end);
    //初始化二维矩阵
    for(i=1;i<=n;i++)
        for(j=1;j<=n;j++)
            if(i==j) e[i][j]=0;
            else e[i][j]=99999999;

    //读入城市之间的航班
    for(i=1;i<=m;i++)
    {
        scanf("%d %d",&a,&b);
        //注意这里是无向图
        e[a][b]=1;
        e[b][a]=1;
    }

    //队列初始化
    head=1;
    tail=1;

    //从start号城市出发,将start号城市加入队列
    que[tail].x=start;
    que[tail].s=0;
    tail++;
    book[start]=1;//标记start号城市已在队列中
```

```c
        //当队列不为空的时候循环
        while(head<tail)
        {
            cur=que[head].x;//当前队列中首城市的编号
            for(j=1;j<=n;j++)//从1~n依次尝试
            {
                //从城市cur到城市j是否有航班并且判断城市j是否已经在队列中
                if(e[cur][j]!=99999999 && book[j]==0)
                {
                    //如果从城市cur到城市j有航班并且城市j不在队列中,则将j号城市入队
                    que[tail].x=j;
                    que[tail].s=que[head].s+1;//转机次数+1
                    tail++;
                    //标记城市j已经在队列中
                    book[j]=1;
                }
                //如果到达目标城市,停止扩展,任务结束,退出循环
                if(que[tail-1].x==end)
                {
                    //注意下面两句话的位置千万不要写颠倒了
                    flag=1;
                    break;
                }
            }
            if(flag==1)
                break;
            head++;//注意这地方,千万不要忘记当一个点扩展结束后,head++才能继续扩展
        }

        //打印队列中末尾最后一个(目标城市)的转机次数
        //注意tail是指向队列队尾(即最后一位)的下一个位置,所以这需要-1
        printf("%d",que[tail-1].s);

        getchar();getchar();
        return 0;
}
```

可以输入以下数据进行验证。

```
5 7 1 5
1 2
1 3
2 3
2 4
3 4
3 5
4 5
```

运行结果是:

```
2
```

当然也可以使用深度优先搜索解决,但是这里用广度优先搜索会更快。广度优先搜索更加适用于所有边的权值相同的情况。

# 第6章

## 最短路径

## 第 1 节　只有五行的算法——Floyd-Warshall

暑假，小哼准备去一些城市旅游。有些城市之间有公路，有些城市之间则没有，如下图。为了节省经费以及方便计划旅程，小哼希望在出发之前知道任意两个城市之间的最短路程。

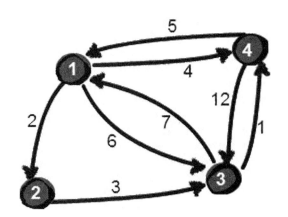

## 第6章 最短路径

上图中有 4 个城市 8 条公路，公路上的数字表示这条公路的长短。请注意这些公路是单向的。我们现在需要求任意两个城市之间的最短路程，也就是求任意两个点之间的最短路径。这个问题也被称为"多源最短路径"问题。

现在需要一个数据结构来存储图的信息，我们仍然可以用一个 4*4 的矩阵（二维数组 e）来存储。比如 1 号城市到 2 号城市的路程为 2，则设 e[1][2]的值为 2。2 号城市无法到达 4 号城市，则设置 e[2][4]的值为∞。另外此处约定一个城市自己到自己的路程也是 0，例如 e[1][1]为 0，具体如下。

|   | 1 | 2 | 3 | 4 |
|---|---|---|---|---|
| 1 | 0 | 2 | 6 | 4 |
| 2 | ∞ | 0 | 3 | ∞ |
| 3 | 7 | ∞ | 0 | 1 |
| 4 | 5 | ∞ | 12| 0 |

现在回到问题：如何求任意两点之间的最短路径呢？通过之前的学习，我们知道通过深度或广度优先搜索可以求出两点之间的最短路径。所以进行 $n^2$ 遍深度或广度优先搜索，即对每两个点都进行一次深度或广度优先搜索，便可以求得任意两点之间的最短路径。可是还有没有别的方法呢？

我们来想一想，根据以往的经验，如果要让任意两点（例如从顶点 $a$ 到顶点 $b$）之间的路程变短，只能引入第三个点（顶点 $k$），并通过这个顶点 $k$ 中转即 $a$→$k$→$b$，才可能缩短原来从顶点 $a$ 到顶点 $b$ 的路程。那么这个中转的顶点 $k$ 是 1~n 中的哪个点呢？甚至有时候不只通过一个点，而是经过两个点或者更多点中转会更短，即 $a$→$k1$→$k2$→$b$ 或者 $a$→$k1$→$k2$→…$ki$…→$b$。比如上图中从 4 号城市到 3 号城市（4→3）的路程 e[4][3]原本是 12,如果只通过 1 号城市中转（4→1→3），路程将缩短为 11（e[4][1]+e[1][3]=5+6=11）。所以如果同时通过 1 号和 2 号两个城市中转的话，从 4 号城市到 3 号城市的路程会进一步缩短为 10（e[4][1]+e[1][2]+e[2][3]=5+2+3=10）。通过这个例子，我们发现每个顶点都有可能使得另外两个顶点之间的路程变短。好，下面我们将这个问题一般化。

当任意两点之间不允许经过第三个点时，这些城市之间的最短路程就是初始路程，如下。

149

|   | 1 | 2 | 3 | 4 |
|---|---|---|---|---|
| 1 | 0 | 2 | 6 | 4 |
| 2 | ∞ | 0 | 3 | ∞ |
| 3 | 7 | ∞ | 0 | 1 |
| 4 | 5 | ∞ | 12 | 0 |

假如现在只允许经过 1 号顶点，求任意两点之间的最短路程，应该如何求呢？只需判断 e[$i$][1]+e[1][$j$]是否比 e[$i$][$j$]要小即可。e[$i$][$j$]表示的是从 $i$ 号顶点到 $j$ 号顶点之间的路程。e[$i$][1]+e[1][$j$]表示的是从 $i$ 号顶点先到 1 号顶点，再从 1 号顶点到 $j$ 号顶点的路程之和。其中 $i$ 是 1~$n$ 循环，$j$ 也是 1~$n$ 循环，代码实现如下。

```
for(i=1;i<=n;i++)
{
    for(j=1;j<=n;j++)
    {
        if ( e[i][j] > e[i][1]+e[1][j] )
            e[i][j] = e[i][1]+e[1][j];
    }
}
```

在只允许经过 1 号顶点的情况下，任意两点之间的最短路程更新为：

|   | 1 | 2 | 3 | 4 |
|---|---|---|---|---|
| 1 | 0 | 2 | 6 | 4 |
| 2 | ∞ | 0 | 3 | ∞ |
| 3 | 7 | 9 | 0 | 1 |
| 4 | 5 | 7 | 11 | 0 |

通过上图我们发现：在只通过 1 号顶点中转的情况下，3 号顶点到 2 号顶点（e[3][2]）、4 号顶点到 2 号顶点（e[4][2]）以及 4 号顶点到 3 号顶点（e[4][3]）的路程都变短了。

接下来继续求在只允许经过 1 和 2 号两个顶点的情况下任意两点之间的最短路程。如何做呢？我们需要在只允许经过 1 号顶点时任意两点的最短路程的结果下，再判断如果经过 2

号顶点是否可以使得 $i$ 号顶点到 $j$ 号顶点之间的路程变得更短，即判断 e[$i$][2]+e[2][$j$]是否比 e[$i$][$j$]要小，代码实现为如下。

```
//经过1号顶点
for(i=1;i<=n;i++)
    for(j=1;j<=n;j++)
        if (e[i][j] > e[i][1]+e[1][j])  e[i][j]=e[i][1]+e[1][j];

//经过2号顶点
for(i=1;i<=n;i++)
    for(j=1;j<=n;j++)
        if (e[i][j] > e[i][2]+e[2][j])  e[i][j]=e[i][2]+e[2][j];
```

在只允许经过 1 和 2 号顶点的情况下，任意两点之间的最短路程更新为：

|   | 1 | 2 | 3 | 4 |
|---|---|---|---|---|
| 1 | 0 | 2 | 5 | 4 |
| 2 | ∞ | 0 | 3 | ∞ |
| 3 | 7 | 9 | 0 | 1 |
| 4 | 5 | 7 | 10 | 0 |

通过上图得知，在相比只允许通过 1 号顶点进行中转的情况下，这里允许通过 1 和 2 号顶点进行中转，使得 e[1][3]和 e[4][3]的路程变得更短了。

同理，继续在只允许经过 1、2 和 3 号顶点进行中转的情况下，求任意两点之间的最短路程。任意两点之间的最短路程更新为：

|   | 1 | 2 | 3 | 4 |
|---|---|---|---|---|
| 1 | 0 | 2 | 5 | 4 |
| 2 | 10 | 0 | 3 | 4 |
| 3 | 7 | 9 | 0 | 1 |
| 4 | 5 | 7 | 10 | 0 |

最后允许通过所有顶点作为中转，任意两点之间最终的最短路程为：

|   | 1 | 2 | 3 | 4 |
|---|---|---|---|---|
| 1 | 0 | 2 | 5 | 4 |
| 2 | 9 | 0 | 3 | 4 |
| 3 | 6 | 8 | 0 | 1 |
| 4 | 5 | 7 | 10| 0 |

整个算法过程虽然说起来很麻烦，但是代码实现却非常简单，核心代码只有五行：

```
for(k=1;k<=n;k++)
    for(i=1;i<=n;i++)
        for(j=1;j<=n;j++)
            if(e[i][j]>e[i][k]+e[k][j])
                e[i][j]=e[i][k]+e[k][j];
```

这段代码的基本思想就是：最开始只允许经过 1 号顶点进行中转，接下来只允许经过 1 和 2 号顶点进行中转……允许经过 1~$n$ 号所有顶点进行中转，求任意两点之间的最短路程。用一句话概括就是：从 $i$ 号顶点到 $j$ 号顶点只经过前 $k$ 号点的最短路程。其实这是一种"动态规划"的思想，关于这个思想我们将在《啊哈！算法 2——伟大思维闪耀时》中再做详细的讨论。下面给出这个算法的完整代码：

```
#include <stdio.h>
int main()
{
    int e[10][10],k,i,j,n,m,t1,t2,t3;
    int inf=99999999; //用inf（infinity的缩写）存储一个我们认为的正无穷值
    //读入n和m，n表示顶点个数，m表示边的条数
    scanf("%d %d",&n,&m);
    
    //初始化
    for(i=1;i<=n;i++)
        for(j=1;j<=n;j++)
            if(i==j) e[i][j]=0;
                else e[i][j]=inf;
```

```
//读入边
for(i=1;i<=m;i++)
{
    scanf("%d %d %d",&t1,&t2,&t3);
    e[t1][t2]=t3;
}

//Floyd-Warshall算法核心语句
for(k=1;k<=n;k++)
    for(i=1;i<=n;i++)
        for(j=1;j<=n;j++)
            if(e[i][j]>e[i][k]+e[k][j] )
                e[i][j]=e[i][k]+e[k][j];

//输出最终的结果
for(i=1;i<=n;i++)
{
    for(j=1;j<=n;j++)
    {
        printf("%10d",e[i][j]);
    }
    printf("\n");
}

return 0;
}
```

有一点需要注意的是：如何表示正无穷。我们通常将正无穷定义为 99999999，因为这样即使两个正无穷相加，其和仍然不超过 int 类型的范围（C 语言 int 类型可以存储的最大正整数是 2147483647）。在实际应用中最好估计一下最短路径的上限，只需要设置比它大一点即可。例如有 100 条边，每条边不超过 100 的话，只需将正无穷设置为 10001 即可。如果你认为正无穷和其他值相加得到一个大于正无穷的数是不被允许的话，我们只需在比较的时候加两个判断条件就可以了，请注意下面代码中带有下划线的语句。

```
//Floyd-Warshall算法核心语句
for(k=1;k<=n;k++)
    for(i=1;i<=n;i++)
```

```
      for(j=1;j<=n;j++)
        if(e[i][k]<inf && e[k][j]<inf && e[i][j]>e[i][k]+e[k][j])
          e[i][j]=e[i][k]+e[k][j];
```

上面代码的输入数据样式为:

```
4 8
1 2 2
1 3 6
1 4 4
2 3 3
3 1 7
3 4 1
4 1 5
4 3 12
```

第一行两个数为 n 和 m，n 表示顶点个数，m 表示边的条数。

接下来 m 行，每一行有三个数 t1、t2 和 t3，表示顶点 t1 到顶点 t2 的路程是 t3。

得到最终结果如下:

|   | 1 | 2 | 3 | 4 |
|---|---|---|---|---|
| 1 | 0 | 2 | 5 | 4 |
| 2 | 9 | 0 | 3 | 4 |
| 3 | 6 | 8 | 0 | 1 |
| 4 | 5 | 7 | 10 | 0 |

通过这种方法我们可以求出任意两个点之间的最短路径。它的时间复杂度是 $O(N^3)$。令人很震撼的是它竟然只有五行代码，实现起来非常容易。正是因为它实现起来非常容易，如果时间复杂度要求不高，使用 Floyd-Warshall 来求指定两点之间的最短路径或者指定一个点到其余各个顶点的最短路径也是可行的。当然也有更快的算法，请看下一节的 Dijkstra 算法。

另外值得一提的是，Floyd-Warshall 算法可以处理带有负权边（边的值为负数）的图，但不能处理带有"负权回路"（或者叫"负权环"）的图。因为带有"负权回路"的图两点之间可能没有最短路径。例如下面这个图就不存在 1 号顶点到 3 号顶点的最短路径，因为 1→2→3→1→2→3→…1→2→3 这样路径中，每绕一次 1→2→3 这样的环，最短路径就会减少 1，永远找不到最短路径。

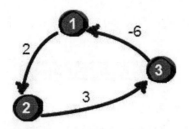

此算法由 Robert W. Floyd（罗伯特·弗洛伊德）于 1962 年发表在 *Communications of the ACM* 上。同年 Stephen Warshall（史蒂芬·沃舍尔）也独立发表了这个算法。Robert W. Floyd 这个牛人是朵奇葩，他原本在芝加哥大学读的文学，但是因为当时美国经济不太景气，找工作比较困难，无奈之下到西屋电气公司当了一名计算机操作员，在 IBM650 机房值夜班，并由此开始了他的计算机生涯。此外他还和 J.W.J. Williams（威廉姆斯）于 1964 年共同发明了著名的堆排序算法 HEAPSORT。堆排序算法我们将在第 7 章学习。Robert W. Floyd 在 1978 年获得了图灵奖。

## 第 2 节　Dijkstra 算法——单源最短路

本节来学习指定一个点（源点）到其余各个顶点的最短路径，也叫做"单源最短路径"。例如求下图中的 1 号顶点到 2、3、4、5、6 号顶点的最短路径。

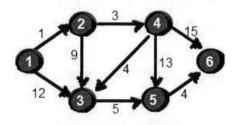

与 Floyd-Warshall 算法一样，这里仍然使用二维数组 e 来存储顶点之间边的关系，初始值如下。

| e | 1 | 2 | 3 | 4 | 5 | 6 |
|---|---|---|---|---|---|---|
| 1 | 0 | 1 | 12 | ∞ | ∞ | ∞ |
| 2 | ∞ | 0 | 9 | 3 | ∞ | ∞ |
| 3 | ∞ | ∞ | 0 | ∞ | 5 | ∞ |
| 4 | ∞ | ∞ | 4 | 0 | 13 | 15 |
| 5 | ∞ | ∞ | ∞ | ∞ | 0 | 4 |
| 6 | ∞ | ∞ | ∞ | ∞ | ∞ | 0 |

我们还需要用一个一维数组 dis 来存储 1 号顶点到其余各个顶点的初始路程，如下。

我们将此时 dis 数组中的值称为最短路程的"估计值"。

既然是求 1 号顶点到其余各个顶点的最短路程，那就先找一个离 1 号顶点最近的顶点。通过数组 dis 可知当前离 1 号顶点最近的是 2 号顶点。当选择了 2 号顶点后，dis[2]的值就已经从"估计值"变为了"确定值"，即 1 号顶点到 2 号顶点的最短路程就是当前 dis[2]值。为什么呢？你想啊，目前离 1 号顶点最近的是 2 号顶点，并且这个图所有的边都是正数，那么肯定不可能通过第三个顶点中转，使得 1 号顶点到 2 号顶点的路程进一步缩短了。因为 1 号顶点到其他顶点的路程肯定没有 1 号到 2 号顶点短，对吧 O(∩_∩)O~

既然选了 2 号顶点，接下来再来看 2 号顶点有哪些出边呢。有 2→3 和 2→4 这两条边。先讨论通过 2→3 这条边能否让 1 号顶点到 3 号顶点的路程变短，也就是说现在来比较 dis[3]和 dis[2]+e[2][3]的大小。其中 dis[3]表示 1 号顶点到 3 号顶点的路程；dis[2]+e[2][3]中 dis[2]表示 1 号顶点到 2 号顶点的路程，e[2][3]表示 2→3 这条边。所以 dis[2]+e[2][3]就表示从 1 号顶点先到 2 号顶点，再通过 2→3 这条边，到达 3 号顶点的路程。

我们发现 dis[3]=12，dis[2]+e[2][3]=1+9=10，dis[3]>dis[2]+e[2][3]，因此 dis[3]要更新为 10。这个过程有个专业术语叫做"松弛"，1 号顶点到 3 号顶点的路程即 dis[3]，通过 2→3 这条边松弛成功。这便是 Dijkstra 算法的主要思想：通过"边"来松弛 1 号顶点到其余各个顶点的路程。

同理，通过 2→4（e[2][4]），可以将 dis[4]的值从 ∞ 松弛为 4（dis[4]初始为 ∞，dis[2]+e[2][4]=1+3=4，dis[4]>dis[2]+e[2][4]，因此 dis[4]要更新为 4）。

刚才我们对 2 号顶点所有的出边进行了松弛。松弛完毕之后 dis 数组为：

接下来，继续在剩下的 3、4、5 和 6 号顶点中，选出离 1 号顶点最近的顶点。通过上面更新过的 dis 数组，当前离 1 号顶点最近的是 4 号顶点。此时，dis[4]的值已经从"估计值"变为了"确定值"。下面继续对 4 号顶点的所有出边（4→3，4→5 和 4→6）用刚才的方法进行松弛。松弛完毕之后 dis 数组为：

```
       1 2 3 4 5  6
dis   [0|1|8|4|17|19]
```

继续在剩下的 3、5 和 6 号顶点中，选出离 1 号顶点最近的顶点，这次选择 3 号顶点。此时，dis[3]的值已经从"估计值"变为了"确定值"。对 3 号顶点的所有出边（3→5）进行松弛。松弛完毕之后 dis 数组为：

```
       1 2 3 4 5  6
dis   [0|1|8|4|13|19]
```

继续在剩下的 5 和 6 号顶点中，选出离 1 号顶点最近的顶点，这次选择 5 号顶点。此时，dis[5]的值已经从"估计值"变为了"确定值"。对 5 号顶点的所有出边（5→6）进行松弛。松弛完毕之后 dis 数组为：

```
       1 2 3 4 5  6
dis   [0|1|8|4|13|17]
```

最后对 6 号顶点的所有出边进行松弛。因为这个例子中 6 号顶点没有出边，因此不用处理。到此，dis 数组中所有的值都已经从"估计值"变为了"确定值"。

最终 dis 数组如下，这便是 1 号顶点到其余各个顶点的最短路径。

```
       1 2 3 4 5  6
dis   [0|1|8|4|13|17]
```

OK，现在来总结一下刚才的算法。算法的基本思想是：每次找到离源点（上面例子的源点就是 1 号顶点）最近的一个顶点，然后以该顶点为中心进行扩展，最终得到源点到其余所有点的最短路径。基本步骤如下：

1. 将所有的顶点分为两部分：已知最短路程的顶点集合 P 和未知最短路径的顶点集合 Q。最开始，已知最短路径的顶点集合 P 中只有源点一个顶点。我们这里用一个 book 数组来记录哪些点在集合 P 中。例如对于某个顶点 $i$，如果 book[$i$]为 1 则表示这个顶点在集合 P 中，如果 book[$i$]为 0 则表示这个顶点在集合 Q 中。

2. 设置源点 $s$ 到自己的最短路径为 0 即 dis[$s$]=0。若存在有源点能直接到达的顶点 $i$，则把 dis[$i$]设为 e[$s$][$i$]。同时把所有其他（源点不能直接到达的）顶点的最短路径设为∞。

3. 在集合 Q 的所有顶点中选择一个离源点 $s$ 最近的顶点 $u$（即 dis[$u$]最小）加入到集

合 P。并考察所有以点 u 为起点的边,对每一条边进行松弛操作。例如存在一条从 u 到 v 的边,那么可以通过将边 u→v 添加到尾部来拓展一条从 s 到 v 的路径,这条路径的长度是 dis[u]+e[u][v]。如果这个值比目前已知的 dis[v]的值要小,我们可以用新值来替代当前 dis[v]中的值。

4. 重复第 3 步,如果集合 Q 为空,算法结束。最终 dis 数组中的值就是源点到所有顶点的最短路径。

完整的 Dijkstra 算法代码如下:

```c
#include <stdio.h>
int main()
{
    int e[10][10],dis[10],book[10],i,j,n,m,t1,t2,t3,u,v,min;
    int inf=99999999;  //用inf(infinity的缩写)存储一个我们认为的正无穷值
    //读入n和m,n表示顶点个数,m表示边的条数
    scanf("%d %d",&n,&m);

    //初始化
    for(i=1;i<=n;i++)
        for(j=1;j<=n;j++)
            if(i==j) e[i][j]=0;
            else e[i][j]=inf;

    //读入边
    for(i=1;i<=m;i++)
    {
        scanf("%d %d %d",&t1,&t2,&t3);
        e[t1][t2]=t3;
    }

    //初始化dis数组,这里是1号顶点到其余各个顶点的初始路程
    for(i=1;i<=n;i++)
        dis[i]=e[1][i];

    //book数组初始化
    for(i=1;i<=n;i++)
        book[i]=0;
    book[1]=1;
```

```
//Dijkstra算法核心语句
for(i=1;i<=n-1;i++)
{
    //找到离1号顶点最近的顶点
    min=inf;
    for(j=1;j<=n;j++)
    {
        if(book[j]==0 && dis[j]<min)
        {
            min=dis[j];
            u=j;
        }
    }
    book[u]=1;
    for(v=1;v<=n;v++)
    {
        if(e[u][v]<inf)
        {
            if(dis[v]>dis[u]+e[u][v])
                dis[v]=dis[u]+e[u][v];
        }
    }
}

//输出最终的结果
for(i=1;i<=n;i++)
    printf("%d ",dis[i]);

getchar();
getchar();
return 0;
}
```

可以输入以下数据进行验证。第一行两个整数 n 和 m。n 表示顶点个数（顶点编号为 1~n），m 表示边的条数。接下来 m 行，每行有 3 个数 x y z，表示顶点 x 到顶点 y 边的权值为 z。

```
6 9
1 2 1
1 3 12
2 3 9
```

```
2 4 3
3 5 5
4 3 4
4 5 13
4 6 15
5 6 4
```

运行结果是：

```
0 1 8 4 13 17
```

通过上面的代码我们可以看出，这个算法的时间复杂度是 $O(N^2)$。其中每次找到离 1 号顶点最近的顶点的时间复杂度是 $O(N)$，这里我们可以用"堆"（将在下一章学到）来优化，使得这一部分的时间复杂度降低到 $O(\log N)$。另外对于边数 $M$ 少于 $N^2$ 的稀疏图来说（我们把 $M$ 远小于 $N^2$ 的图称为稀疏图，而 $M$ 相对较大的图称为稠密图），我们可以用**邻接表**（这是个神马东西？不要着急，待会再仔细讲解）来代替邻接矩阵，使得整个时间复杂度优化到 $O(M+N)\log N$。请注意！在最坏的情况下 $M$ 就是 $N^2$，这样的话 $(M+N)\log N$ 要比 $N^2$ 还要大。但是大多数情况下并不会有那么多边，因此 $(M+N)\log N$ 要比 $N^2$ 小很多。

这里我们主要来讲解如何使用邻接表来存储一个图，先上数据。

```
4 5
1 4 9
4 3 8
1 2 5
2 4 6
1 3 7
```

第一行两个整数 n m。n 表示顶点个数（顶点编号为 1~n），m 表示边的条数。接下来 m 行，每行有 3 个数 x y z。表示顶点 x 到顶点 y 的边的权值为 z。

现在用邻接表来存储这个图，先给出代码如下。

```
int n,m,i;
//u、v和w的数组大小要根据实际情况来设置，要比m的最大值要大1
int u[6],v[6],w[6];
//first和next的数组大小要根据实际情况来设置，first要比n的最大值大1，next要比m的最大值大1
int first[5],next[6];
scanf("%d %d",&n,&m);
//初始化first数组下标1~n的值为-1，表示1~n顶点暂时都没有边
```

```
for(i=1;i<=n;i++)
    first[i]=-1;
for(i=1;i<=m;i++)
{
    scanf("%d %d %d",&u[i],&v[i],&w[i]);     //读入每一条边
    //下面两句是关键啦
    next[i]=first[u[i]];
    first[u[i]]=i;
}
```

这里为大家介绍的是使用数组来实现邻接表，而没有使用真正的指针链表，这是一种在实际应用中非常容易实现的方法。这种方法为每个顶点 $i$（$i$ 从 1~$n$）都设置了一个链表，里面保存了从顶点 $i$ 出发的所有的边（这里用 first 和 next 数组来实现，待会再来详细介绍）。首先我们需要为每一条边进行 1~$m$ 的编号。用 $u$、$v$ 和 $w$ 三个数组来记录每条边的信息，即 $u[i]$、$v[i]$ 和 $w[i]$ 表示第 $i$ 条边是从第 $u[i]$ 号顶点到 $v[i]$ 号顶点（$u[i]$→$v[i]$），且权值为 $w[i]$。first 数组的 1~$n$ 号单元格分别用来存储 1~$n$ 号顶点的第一条边的编号，初始的时候因为没有边加入所以都是-1。即 first[$u[i]$] 保存顶点 $u[i]$ 的第一条边的编号，next[$i$] 存储"编号为 $i$ 的边"的"下一条边"的编号。

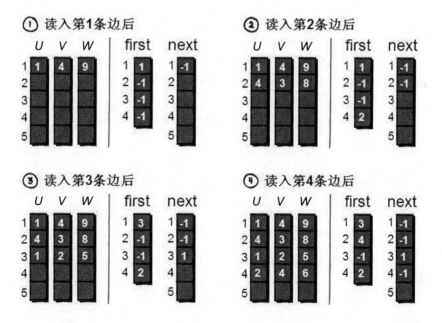

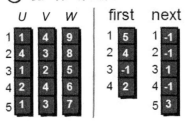

接下来如何遍历每一条边呢？我们之前说过其实 first 数组存储的就是每个顶点 $i$（$i$ 从 1~$n$）的第一条边。比如 1 号顶点的第一条边是编号为 5 的边（1 3 7），2 号顶点的第一条边是编号为 4 的边（2 4 6），3 号顶点没有出向边，4 号顶点的第一条边是编号为 2 的边（4 3 8）。那么如何遍历 1 号顶点的每一条边呢？也很简单。请看下图：

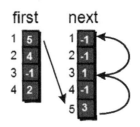

在找到 1 号顶点的第一条边之后，剩下的边都可以在 next 数组中依次找到。

```
k=first[1];
while(k!=-1)
{
    printf("%d %d %d\n",u[k],v[k],w[k]);
    k=next[k];
}
```

细心的同学会发现，此时遍历某个顶点的边的时候的遍历顺序正好与读入时候的顺序相反。因为在为每个顶点插入边的时候都是直接插入"链表"的首部而不是尾部。不过这并不会产生任何问题，这正是这种方法的奇妙之处。遍历每个顶点的边，其代码如下。

```
for(i=1;i<=n;i++)
{
    k=first[i];
    while(k!=-1)
    {
```

```
        printf("%d %d %d\n",u[k],v[k],w[k]);
        k=next[k];
    }
}
```

可以发现使用邻接表来存储图的时间空间复杂度是 $O(M)$，遍历每一条边的时间复杂度也是 $O(M)$。如果一个图是稀疏图的话，$M$ 要远小于 $N^2$。因此稀疏图选用邻接表来存储要比用邻接矩阵来存储好很多。

最后，本节介绍的求最短路径的算法是一种基于贪心策略的算法。每次新扩展一个路程最短的点，更新与其相邻的点的路程。当所有边权都为正时，由于不会存在一个路程更短的没扩展过的点，所以这个点的路程永远不会再被改变，因而保证了算法的正确性。不过根据这个原理，用本算法求最短路径的图是不能有负权边的，因为扩展到负权边的时候会产生更短的路程，有可能就破坏了已经更新的点路程不会改变的性质。既然用这个算法求最短路径的图不能有负权边，那有没有可以求带有负权边的指定顶点到其余各个顶点的最短路径算法呢？请看下一节。

最后说一下，这个算法的名字叫做 Dijkstra。该算法是由荷兰计算机科学家 Edsger Wybe Dijkstra（这神犇的中文译名的版本太多了，有上十种不重样的，这里就不写中文译名了）于 1959 年提出的。其实这个算法 Edsger Wybe Dijkstra 在 1956 年就发现了，当时他正与夫人在一家咖啡厅的阳台上晒太阳喝咖啡。因为当时没有专注于离散算法的专业期刊，直到 1959 年，他才把这个算法发表在 *Numerische Mathematik* 的创刊号上。

## 第 3 节　Bellman-Ford——解决负权边

Dijkstra 算法虽然好，但是它不能解决带有负权边（边的权值为负数）的图。本节我要来介绍一个无论是思想上还是代码实现上都堪称完美的最短路算法：Bellman-Ford。Bellman-Ford 算法非常简单，核心代码只有 4 行，并且可以完美地解决带有负权边的图，先来看看它长啥样：

```
for(k=1;k<=n-1;k++)
    for(i=1;i<=m;i++)
        if( dis[v[i]] > dis[u[i]] + w[i] )
            dis[v[i]] = dis[u[i]] + w[i];
```

上面的代码中，外循环一共循环了 $n-1$ 次（$n$ 为顶点的个数），内循环循环了 $m$ 次（$m$ 为边的个数），即枚举每一条边。dis 数组的作用与 Dijkstra 算法一样，是用来记录源点到其余各个顶点的最短路径。u、v 和 w 三个数组是用来记录边的信息。例如第 $i$ 条边存储在 $u[i]$、$v[i]$ 和 $w[i]$ 中，表示从顶点 $u[i]$ 到顶点 $v[i]$ 这条边（$u[i]\rightarrow v[i]$）权值为 $w[i]$。

```
if( dis[v[i]] > dis[u[i]] + w[i] )
    dis[v[i]] = dis[u[i]] + w[i];
```

上面这两行代码的意思是：看看能否通过 $u[i]\rightarrow v[i]$（权值为 $w[i]$）这条边，使得 1 号顶点到 $v[i]$ 号顶点的距离变短。即 1 号顶点到 $u[i]$ 号顶点的距离（$dis[u[i]]$）加上 $u[i]\rightarrow v[i]$ 这条边（权值为 $w[i]$）的值是否会比原先 1 号顶点到 $v[i]$ 号顶点的距离（$dis[v[i]]$）要小。这一点其实与 Dijkstra 的"松弛"操作是一样的。现在我们要把所有的边都松弛一遍，代码如下。

```
for(i=1;i<=m;i++)
    if( dis[v[i]] > dis[u[i]] + w[i] )
        dis[v[i]] = dis[u[i]] + w[i];
```

那把每一条边都"松弛"一遍后，究竟会有什么效果呢？现在来举个具体的例子。求下图 1 号顶点到其余所有顶点的最短路径。

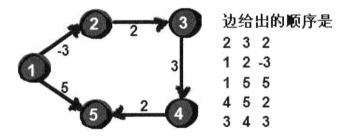

我们还是用一个 dis 数组来存储 1 号顶点到所有顶点的距离。

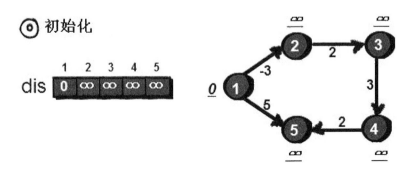

上方右图中每个顶点旁的值（带下划线的数字）为该顶点的最短路"估计值"（当前 1 号顶点到该顶点的距离），即数组 dis 中对应的值。根据边给出的顺序，先来处理第 1 条边 "2 3 2"（2$\xrightarrow{2}$3，通过这条边进行松弛），即判断 dis[3] 是否大于 dis[2]+2。此时 dis[3] 是∞，dis[2] 是∞，因此 dis[2]+2 也是∞，所以通过 "2 3 2" 这条边不能使 dis[3] 的值变小，松弛失败。

同理，继续处理第 2 条边 "1 2 -3"（1$\xrightarrow{-3}$2），我们发现 dis[2] 大于 dis[1]+(-3)，通过这条边可以使 dis[2] 的值从∞变为-3，因此松弛成功。用同样的方法处理剩下的每一条边。对所有的边松弛一遍后的结果如下。

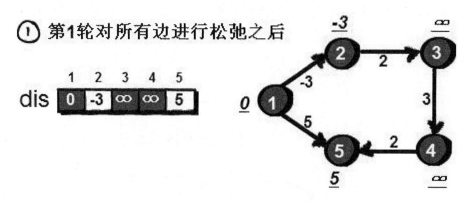

我们发现，在对每条边都进行一次松弛后，已经使得 dis[2] 和 dis[5] 的值变小，即 1 号顶点到 2 号顶点的距离和 1 号顶点到 5 号顶点的距离都变短了。

接下来我们需要对所有的边再进行一轮松弛，操作过程与上一轮一样，再来看看又会发生什么变化。

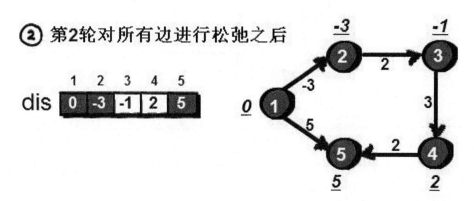

在这一轮松弛时,我们发现,现在通过"2 3 2"($2\xrightarrow{2}3$)这条边,可以使 1 号顶点到 3 号顶点的距离(dis[3])变短了。爱思考的同学就会问了,这条边在上一轮也松弛过啊,为什么上一轮松弛失败了,这一轮却成功了呢?因为在第一轮松弛过后,1 号顶点到 2 号顶点的距离(dis[2])已经发生了变化,这一轮再通过"2 3 2"($2\xrightarrow{2}3$)这条边进行松弛的时候,已经可以使 1 号顶点到 3 号顶点的距离(dis[3])的值变小。

换句话说,第 1 轮在对所有的边进行松弛之后,得到的是从 1 号顶点"只能经过一条边"到达其余各顶点的最短路径长度。第 2 轮在对所有的边进行松弛之后,得到的是从 1 号顶点"最多经过两条边"到达其余各顶点的最短路径长度。如果进行 k 轮的话,得到的就是 1 号顶点"最多经过 k 条边"到达其余各顶点的最短路径长度。现在又有一个新问题:需要进行多少轮呢?

只需要进行 $n-1$ 轮就可以了。因为在一个含有 $n$ 个顶点的图中,任意两点之间的最短路径最多包含 $n-1$ 边。

有些特别爱思考的同学又会发出一个疑问:真的最多只能包含 $n-1$ 条边?最短路径中不可能包含回路吗?

答案是：不可能！最短路径肯定是一个不包含回路的简单路径。回路分为正权回路（即回路权值之和为正）和负权回路（即回路权值之和为负）。我们分别来讨论一下为什么这两种回路都不可能有。如果最短路径中包含正权回路，那么去掉这个回路，一定可以得到更短的路径。如果最短路径中包含负权回路，那么肯定没有最短路径，因为每多走一次负权回路就可以得到更短的路径。因此，最短路径肯定是一个不包含回路的简单路径，即最多包含 $n-1$ 条边，所以进行 $n-1$ 轮松弛就可以了。

扯了半天，回到之前的例子，继续进行第 3 轮和第 4 轮松弛操作，这里只需进行 4 轮就可以了，因为这个图一共只有 5 个顶点。

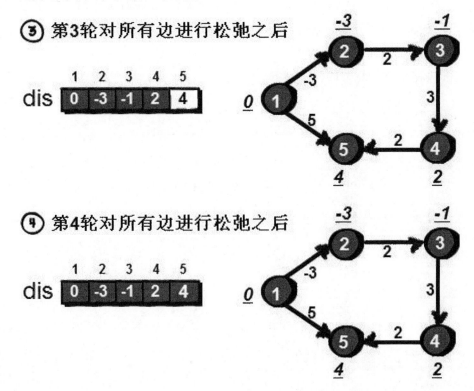

有些特别特别爱思考的同学又会有一个疑问，这里貌似不用进行第 4 轮嘛，因为进行第 4 轮之后 dis 数组没有发生任何变化！没错！你说的真是太对了！其实是**最多**进行 $n-1$ 轮松弛。

整个 Bellman-Ford 算法用一句话概括就是：对所有的边进行 $n-1$ 次"松弛"操作。核心代码只有 4 行，如下。

```
for(k=1;k<=n-1;k++) //进行n-1轮松弛
    for(i=1;i<=m;i++) //枚举每一条边
        if( dis[v[i]] > dis[u[i]] + w[i] )  //尝试对每一条边进行松弛
            dis[v[i]] = dis[u[i]] + w[i];
```

Ok，总结一下。因为最短路径上最多有 $n-1$ 条边，因此 Bellman-Ford 算法最多有 $n-1$ 个阶段。在每一个阶段，我们对每一条边都要执行松弛操作。其实每实施一次松弛操作，就会有一些顶点已经求得其最短路，即这些顶点的最短路的"估计值"变为"确定值"。此后这些顶点的最短路的值就会一直保持不变，不再受后续松弛操作的影响（但是，每次还是会判断是否需要松弛，这里浪费了时间，是否可以优化呢？）。在前 $k$ 个阶段结束后，就已经找出了从源点发出"最多经过 $k$ 条边"到达各个顶点的最短路。直到进行完 $n-1$ 个阶段后，便得出了最多经过 $n-1$ 条边的最短路。

Bellman-Ford 算法的完整的代码如下。

```c
#include <stdio.h>
int main()
{
    int dis[10],i,k,n,m,u[10],v[10],w[10];
    int inf=99999999; //用inf（infinity的缩写）存储一个我们认为的正无穷值
    //读入n和m，n表示顶点个数，m表示边的条数
    scanf("%d %d",&n,&m);
    
    //读入边
    for(i=1;i<=m;i++)
        scanf("%d %d %d",&u[i],&v[i],&w[i]);
    
    //初始化dis数组，这里是1号顶点到其余各个顶点的初始路程
    for(i=1;i<=n;i++)
        dis[i]=inf;
    dis[1]=0;
    
    //Bellman-Ford算法核心语句
    for(k=1;k<=n-1;k++)
        for(i=1;i<=m;i++)
            if( dis[v[i]] > dis[u[i]] + w[i] )
                dis[v[i]] = dis[u[i]] + w[i];
    
    //输出最终的结果
```

```
    for(i=1;i<=n;i++)
        printf("%d ",dis[i]);

    getchar();getchar();
    return 0;
}
```

可以输入以下数据进行验证。第一行两个整数 $n\ m$。$n$ 表示顶点个数（顶点编号为 1~$N$），$m$ 表示边的条数。接下来 $m$ 行表示，每行有 3 个数 $x\ y\ z$。表示从顶点 $x$ 到顶点 $y$ 的边的权值为 $z$。

```
5 5
2 3 2
1 2 -3
1 5 5
4 5 2
3 4 3
```

运行结果是

```
0 -3 -1 2 4
```

此外，Bellman-Ford 算法还可以检测一个图是否含有负权回路。如果在进行 $n-1$ 轮松弛之后，仍然存在

```
if( dis[v[i]] > dis[u[i]] + w[i] )
    dis[v[i]] = dis[u[i]] + w[i];
```

的情况，也就是说在进行 $n-1$ 轮松弛后，仍然可以继续成功松弛，那么此图必然存在负权回路。在之前的证明中我们已经讨论过，如果一个图如果没有负权回路，那么最短路径所包含的边最多为 $n-1$ 条，即进行 $n-1$ 轮松弛之后最短路不会再发生变化。如果在 $n-1$ 轮松弛之后最短路仍然会发生变化，则该图必然存在负权回路，关键代码如下：

```
//Bellman-Ford算法核心语句
for(k=1;k<=n-1;k++)
    for(i=1;i<=m;i++)
        if( dis[v[i]] > dis[u[i]] + w[i] )
            dis[v[i]] = dis[u[i]] + w[i];
//检测负权回路
flag=0;
```

```
for(i=1;i<=m;i++)
    if( dis[v[i]] > dis[u[i]] + w[i] )   flag=1;
if (flag==1) printf("此图含有负权回路");
```

显然（请原谅我使用如此恶劣的词汇），Bellman-Ford 算法的时间复杂度是 $O(NM)$，这个时间复杂度貌似比 Dijkstra 算法还要高，我们还可以对其进行优化。在实际操作中，Bellman-Ford 算法经常会在未达到 $n-1$ 轮松弛前就已经计算出最短路，之前我们已经说过，$n-1$ 其实是最大值。因此可以添加一个变量 check 用来标记数组 dis 在本轮松弛中是否发生了变化，如果没有发生变化，则可以提前跳出循环，代码如下。

```c
#include <stdio.h>
int main()
{
    int dis[10],bak[10],i,k,n,m,u[10],v[10],w[10],check,flag;
    int inf=99999999; //用inf（infinity的缩写）存储一个我们认为的正无穷值
    //读入n和m，n表示顶点个数，m表示边的条数
    scanf("%d %d",&n,&m);

    //读入边
    for(i=1;i<=m;i++)
        scanf("%d %d %d",&u[i],&v[i],&w[i]);

    //初始化dis数组，这里是1号顶点到其余各个顶点的初始路程
    for(i=1;i<=n;i++)
        dis[i]=inf;
    dis[1]=0;

    //Bellman-Ford算法核心语句
    for(k=1;k<=n-1;k++)
    {
        check=0;//用来标记在本轮松弛中数组dis是否会发生更新
        //进行一轮松弛
        for(i=1;i<=m;i++)
        {
            if( dis[v[i]] > dis[u[i]] + w[i] )
            {
                dis[v[i]] = dis[u[i]] + w[i];
                check = 1;  //数组dis发生更新，改变check的值
            }
        }
```

```
            //松弛完毕后检测数组dis是否有更新
            if(check==0) break;  //如果数组dis没有更新,提前退出循环结束算法
    }
    //检测负权回路
    flag=0;
    for(i=1;i<=m;i++)
        if( dis[v[i]] > dis[u[i]] + w[i] )   flag=1;

    if (flag==1) printf("此图含有负权回路");
    else
    {
        //输出最终的结果
        for(i=1;i<=n;i++)
            printf("%d ",dis[i]);
    }
    getchar(); getchar();
    return 0;
}
```

Bellman-Ford 算法的另外一种优化在文中已经有所提示:在每实施一次松弛操作后,就会有一些顶点已经求得其最短路,此后这些顶点的最短路的估计值就会一直保持不变,不再受后续松弛操作的影响,但是每次还要判断是否需要松弛,这里浪费了时间。这就启发我们:**每次仅对最短路估计值发生变化了的顶点的所有出边执行松弛操作**。详情请看下一节:Bellman-Ford 的队列优化。

美国应用数学家 Richard Bellman(理查德·贝尔曼)于 1958 年发表了该算法。此外 Lester Ford, Jr.在 1956 年也发表了该算法。因此这个算法叫做 Bellman-Ford 算法。其实 Edward F. Moore 在 1957 年也发表了同样的算法,所以这个算法也称为 Bellman-Ford-Moore 算法。Edward F. Moore 很熟悉对不对?就是那个在 "如何从迷宫中寻找出路" 问题中提出了广度优先搜索算法的那个家伙。

## 第 4 节　Bellman-Ford 的队列优化

在上一节,我们提到 Bellman-Ford 算法的另一种优化:每次仅对最短路程发生变化了的点的相邻边执行松弛操作。但是如何知道当前哪些点的最短路程发生了变化呢?这里可以用一个队列来维护这些点,算法大致如下。

每次选取队首顶点 u，对顶点 u 的所有出边进行松弛操作。例如有一条 u➔v 的边，如果通过 u➔v 这条边使得源点到顶点 v 的最短路程变短（dis[u]+e[u][v]<dis[v]），且顶点 v 不在当前的队列中，就将顶点 v 放入队尾。需要注意的是，同一个顶点同时在队列中出现多次是毫无意义的，所以我们需要一个数组来判重（判断哪些点已经在队列中）。在对顶点 u 的所有出边松弛完毕后，就将顶点 u 出队。接下来不断从队列中取出新的队首顶点再进行如上操作，直至队列空为止。

下面我们用一个具体的例子来详细讲解。

```
5 7
1 2 2
1 5 10
2 3 3
2 5 7
3 4 4
4 5 5
5 3 6
```

第一行两个整数 n m。n 表示顶点个数（顶点编号为 1~N），m 表示边的条数。接下来 m 行，每行有 3 个数 x y z。表示顶点 x 到顶点 y 的边权值为 z。

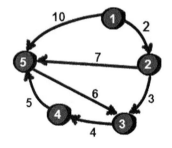

我们用数组 dis 来存放 1 号顶点到其余各个顶点的最短路径。初始时 dis[1] 为 0，其余为无穷大。接下来将 1 号顶点入队。队列这里用一个数组 que 以及两个分别指向队列头和尾的变量 head 和 tail 来实现（队列的实现我们在第 2 章已经掌握）。

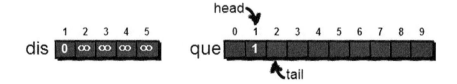

先来看当前队首 1 号顶点的边 1→2，看通过 1→2 能否让 1 号顶点到 2 号顶点的路程（即 dis[2]）变短，也就是说先来比较 dis[2] 和 dis[1]+(1→2) 的大小。dis[2] 原来的值为 ∞，dis[1]+(1→2) 的值为 2，因此松弛成功，dis[2] 的值从 ∞ 更新为 2。并且当前 2 号顶点不在队列中，因此将 2 号顶点入队。

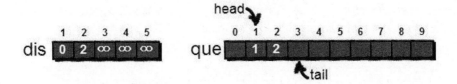

同样，对 1 号顶点剩余的出边进行如上操作，处理完毕后数组 dis 和队列 que 状态如下：

对 1 号顶点处理完毕后，就将 1 号顶点出队（head++即可），再对新队首 2 号顶点进行如上处理。在处理 2→5 这条边时需要特别注意一下，2→5 这条边虽然可以让 1 号顶点到 5 号顶点的路程变短（dis[5] 的值从 10 更新为 9），但是 5 号顶点已经在队列中了，因此 5 号顶点不能再次入队。对 2 号顶点处理完毕后数组 dis 和队列 que 状态如下：

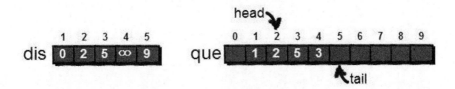

在对 2 号顶点处理完毕后，需要将 2 号顶点出队，并依次对剩下的顶点做相同的处理，直到队列为空为止。最终数组 dis 和队列 que 状态如下：

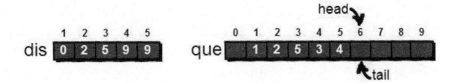

下面是代码实现，我们还是用邻接表来存储这个图，具体如下。

```c
#include <stdio.h>
int main()
{
    int n,m,i,j,k;
    //u、v和w的数组大小要根据实际情况来设置，要比m的最大值要大1
    int u[8],v[8],w[8];
    //first要比n的最大值要大1，next要比m的最大值要大1
    int first[6],next[8];
    int dis[6]={0},book[6]={0};//book数组用来记录哪些顶点已经在队列中
    int que[101]={0},head=1,tail=1; //定义一个队列，并初始化队列
    int inf=99999999; //用inf（infinity的缩写）存储一个我们认为的正无穷值
    //读入n和m，n表示顶点个数，m表示边的条数
    scanf("%d %d",&n,&m);

    //初始化dis数组，这里是1号顶点到其余各个顶点的初始路程
    for(i=1;i<=n;i++)
        dis[i]=inf;
    dis[1]=0;

    //初始化book数组，初始化为0，刚开始都不在队列中
    for(i=1;i<=n;i++)   book[i]=0;

    //初始化first数组下标1~n的值为-1，表示1~n顶点暂时都没有边
    for(i=1;i<=n;i++)   first[i]=-1;

    for(i=1;i<=m;i++)
    {
        //读入每一条边
        scanf("%d %d %d",&u[i],&v[i],&w[i]);
        //下面两句是建立邻接表的关键
        next[i]=first[u[i]];
        first[u[i]]=i;
    }

    //1号顶点入队
    que[tail]=1; tail++;
    book[1]=1;//标记1号顶点已经入队
```

```
        while(head<tail)//队列不为空的时候循环
        {
            k=first[que[head]];//当前需要处理的队首顶点
            while(k!=-1)//扫描当前顶点所有的边
            {
                if(dis[v[k]]>dis[u[k]]+w[k])//判断是否松弛成功
                {
                    dis[v[k]]=dis[u[k]]+w[k];//更新顶点1到顶点v[k]的路程
                    //这的book数组用来判断顶点v[k]是否在队列中
                    //如果不使用一个数组来标记的话,判断一个顶点是否在队列中每次都需要
                    //从队列的head到tail扫一遍,很浪费时间
                    if(book[v[k]]==0)//0表示不在队列中,将顶点v[k]加入队列中
                    {
                        //下面两句是入队操作
                        que[tail]=v[k];
                        tail++;
                        book[v[k]]=1;//同时标记顶点v[k]已经入队
                    }
                }
                k=next[k];
            }
            //出队
            book[que[head]]=0;
            head++;
        }

        //输出1号顶点到其余各个顶点的最短路径
        for(i=1;i<=n;i++)
            printf("%d ",dis[i]);

        getchar();getchar();
        return 0;
}
```

可以输入以下数据进行验证。

```
5 7
1 2 2
1 5 10
2 3 3
```

```
2 5 7
3 4 4
4 5 5
5 3 6
```

运行结果是：

```
0 2 5 9 9
```

下面来总结一下。初始时将源点加入队列。每次从队首（head）取出一个顶点，并对与其相邻的所有顶点进行松弛尝试，若某个相邻的顶点松弛成功，且这个相邻的顶点不在队列中（不在 head 和 tail 之间），则将它加入到队列中。对当前顶点处理完毕后立即出队，并对下一个新队首进行如上操作，直到队列为空时算法结束。这里用了一个数组 book 来记录每个顶点是否处在队列中。其实也可以不要 book 数组，检查一个顶点是否在队列中，只需要把 que[head] 到 que[tail] 依次判断一遍就可以了，但是这样做的时间复杂度是 $O(N)$，而使用 book 数组来记录的话时间复杂度会降至 $O(1)$。

使用队列优化的 Bellman-Ford 算法在形式上和广度优先搜索非常类似，不同的是在广度优先搜索的时候一个顶点出队后通常就不会再重新进入队列。而这里一个顶点很可能在出队列之后再次被放入队列，也就是当一个顶点的最短路程估计值变小后，需要对其所有出边进行松弛，但是如果这个顶点的最短路程估计值再次变小，仍需要对其所有出边再次进行松弛，这样才能保证相邻顶点的最短路程估计值同步更新。需要特别说明一下的是，使用队列优化的 Bellman-Ford 算法的时间复杂度在最坏情况下也是 $O(NM)$。通过队列优化的 Bellman-Ford 算法如何判断一个图是否有负环呢？如果某个点进入队列的次数超过 n 次，那么这个图则肯定存在负环。

用队列优化的 Bellman-Ford 算法的关键之处在于：只有那些在前一遍松弛中改变了最短路程估计值的顶点，才可能引起它们邻接点最短路程估计值发生改变。因此，用一个队列来存放被成功松弛的顶点，之后只对队列中的点进行处理，这就降低了算法的时间复杂度。另外说一下，西南交通大学段凡丁在 1994 年发表的关于最短路径的 SPFA 快速算法（SPFA，Shortest Path Faster Algorithm），也是基于队列优化的 Bellman-Ford 算法的。中国人在学习使用队列来优化 Bellman-Ford 算法时，段凡丁的这篇文章起到了不小的推广作用。令我感到很奇怪的是——为什么直到 1994 年才有人去发表这篇论文呢？

## 第 5 节　最短路径算法对比分析

| | Floyd | Dijkstra | Bellman-Ford | 队列优化的 Bellman-Ford |
|---|---|---|---|---|
| 空间复杂度 | $O(N^2)$ | $O(M)$ | $O(M)$ | $O(M)$ |
| 时间复杂度 | $O(N^3)$ | $O((M+N)\log N)$ | $O(NM)$ | 最坏也是 $O(NM)$ |
| 适用情况 | 稠密图和顶点关系密切 | 稠密图和顶点关系密切 | 稀疏图和边关系密切 | 稀疏图和边关系密切 |
| 负权 | 可以解决负权 | 不能解决负权 | 可以解决负权 | 可以解决负权 |
| 有负权边 | 可以处理 | 不能处理 | 可以处理 | 可以处理 |
| 判定是否存在负权回路 | 不能 | 不能 | 可以判定 | 可以判定 |

　　Floyd 算法虽然总体时间复杂度高，但是可以处理带有负权边的图（但不能有负权回路）并且均摊到每一点对上，在所有的算法中还是属于较优的。另外，Floyd 算法较小的编码复杂度也是它的一大优势。所以，如果要求的是所有点对间的最短路径，或者如果数据范围较小，则 Floyd 算法比较适合。Dijkstra 算法最大的弊端是它无法处理带有负权边以及负权回路的图，但是 Dijkstra 具有良好的可扩展性，扩展后可以适应很多问题。另外用堆优化的 Dijkstra 算法的时间复杂度可以达到 $O(M\log N)$。当边有负权，甚至存在负权回路时，需要使用 Bellman-Ford 算法或者队列优化的 Bellman-Ford 算法。因此我们选择最短路径算法时，要根据实际需求和每一种算法的特性，选择适合的算法。

# 第 7 章 神奇的树

## 第 1 节 开启"树"之旅

我们先来看一个例子。

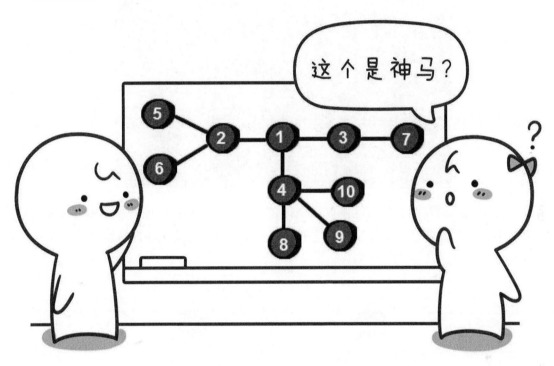

这是什么？是一个图？不对，确切地说这是一棵树。这哪里像树呢？不要着急，我们来变换一下。

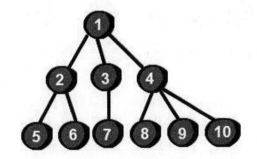

是不是很像一棵倒挂的树？也就是说它是根朝上，而叶子朝下的。不像？哈哈，来看看下面的图你就会觉得像啦。

你可能会问:树和图有什么区别?这个称之为树的东西和无向图差不多嘛。不要着急,继续往下看。树其实就是不包含回路的连通无向图。你可能还是无法理解这其中的差异,下面举个例子。

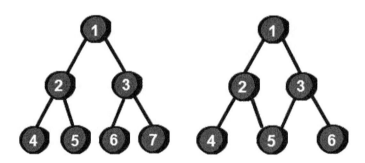

上面这个例子中左边的是一棵树,而右边的是一个图。因为左边的没有回路,而右边的存在 1→2→5→3→1 这样的回路。

正是因为树有着"不包含回路"这个特点,所以树就被赋予了很多特性。

1. 一棵树中的任意两个结点有且仅有唯一的一条路径连通。
2. 一棵树如果有 $n$ 个结点,那么它一定恰好有 $n–1$ 条边。
3. 在一棵树中加一条边将会构成一个回路。

树这个特殊的数据结构在哪里会用到呢?比如足球世界杯的晋级图,家族的族谱图,公

## 第 7 章　神奇的树

司的组织结构图，书的目录，我们用的操作系统 Windows、Linux 或者 Mac 中的"目录（文件夹）"都是一棵树。下面就是"啊哈 C"这个软件的目录结构。

```
C:\啊哈C
    ├─codes
    ├─core
    │   ├─bin
    │   ├─include
    │   │   ├─ddk
    │   │   ├─gdb
    │   │   ├─gdiplus
    │   │   ├─GL
    │   │   └─sys
    │   ├─lib
    │   │   └─gcc
    │   │       └─mingw32
    │   │           └─4.7.1
    │   │               ├─finclude
    │   │               ├─include
    │   │               │   └─ssp
    │   │               ├─include-fixed
    │   │               └─install-tools
    │   │                   └─include
    │   ├─libexec
    │   │   └─gcc
    │   │       └─mingw32
    │   │           └─4.7.1
    │   │               └─install-tools
    │   └─mingw32
    │       ├─bin
    │       └─lib
    │           └─ldscripts
    └─skin
```

假如现在正处于 libexec 文件夹下，需要到 gdiplus 文件夹下。你必须先"向上"回到上层文件夹 core，再进入 include 文件夹，最后才能进入 gdiplus 文件夹。因为一棵树中的任意两个结点（这里就是文件夹）有且仅有唯一的一条路径连通。

为了之后讲解的方便，我们这里对树进行一些定义。

首先，树是指任意两个结点间有且只有一条路径的无向图。或者说，只要是没有回路的连通无向图就是树。

喜欢思考的同学可能会发现同一棵树可以有多种形态，比如下面这两棵树。

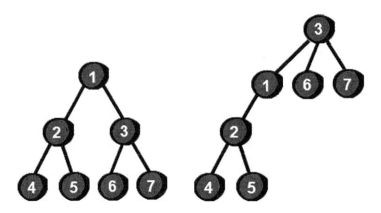

为了确定一棵树的形态，在树中可以指定一个特殊的结点——根。我们在对一棵树进行讨论的时候，将树中的每个点称为结点，有的书中也称为节点。有一个根的树叫做有根树（哎，这不是废话嘛）。比如上方左边这棵树的树根是1号结点，右边这棵树的树根是3号结点。

根又叫做根结点，一棵树有且只有一个根结点。根结点有时候也称为祖先。既然有祖先，理所当然就有父亲和儿子。比如上方右边这棵树中，3号结点是1、6和7号结点的父亲，1、6和7号结点是3号结点的儿子。同时1号结点又是2号结点的父亲，2号结点是1号结点的儿子，2号结点与4、5号结点的关系也是显而易见的。

父亲结点简称为父结点，儿子结点简称为子结点。上方右边这棵树中的2号结点既是父结点也是子结点，它是1号结点的子结点，同时也是4和5号结点的父结点。另外如果一个结点没有子结点（即没有儿子），那么这个结点称为叶结点，例如4、5、6和7号结点都是叶结点。没有父结点（即没有父亲）的结点称为根结点（祖先），比如3号结点。如果一个结点既不是根结点也不是叶结点，则称为内部结点。最后每个结点还有深度，比如4号结点的深度是 4。深度是指从根到这个结点的层数（根为第一层）。哎，终于啰嗦完了，写得我汗都流出来了，没有理解的请看下面这幅插图吧。

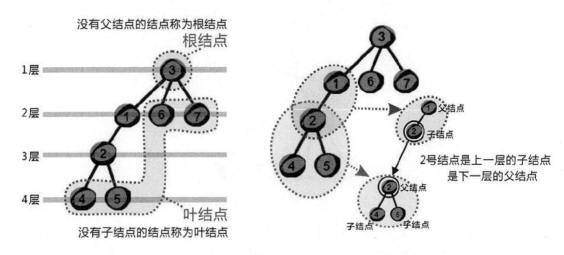

说了这么多你可能都没有感受到树究竟有什么好处。不要走开,请看下节——二叉树。

## 第 2 节　二叉树

二叉树是一种特殊的树。二叉树的特点是每个结点最多有两个儿子,左边的叫做左儿子,右边的叫做右儿子,或者说每个结点最多有两棵子树。更加严格的递归定义是:二叉树要么为空,要么由根结点、左子树和右子树组成,而左子树和右子树分别是一棵二叉树。下面这棵树就是一棵二叉树。

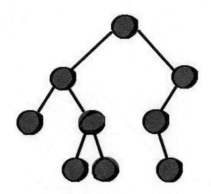

二叉树的使用范围最广,一棵多叉树也可以转化为二叉树,因此我们将着重讲解二叉树。

二叉树中还有两种特殊的二叉树,叫做满二叉树和完全二叉树。如果二叉树中每个内部结点都有两个儿子,这样的二叉树叫做满二叉树。或者说满二叉树所有的叶结点都有同样的深度。比如下面这棵二叉树,是不是感觉很"丰满"。满二叉树的严格的定义是一棵深度为

$h$ 且有 $2^h-1$ 个结点的二叉树。

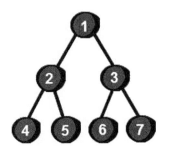

如果一棵二叉树除了最右边位置上有一个或者几个叶结点缺少外,其他是丰满的,那么这样的二叉树就是完全二叉树。严格的定义是:若设二叉树的高度为 $h$,除第 $h$ 层外,其他各层(1~$h$-1)的结点数都达到最大个数,第 $h$ 层从右向左连续缺若干结点,则这个二叉树就是完全二叉树。也就是说如果一个结点有右子结点,那么它一定也有左子结点。例如下面这三棵树都是完全二叉树。其实你可以将满二叉树理解成是一种特殊的或者极其完美的完全二叉树。

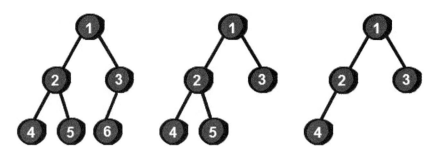

其实完全二叉树类似下面这个形状。

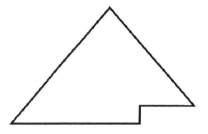

说到这里我们马上就要领略到完全二叉树的魅力了。先想一想:一棵完全二叉树如何存储呢?其实完全二叉树中父亲和儿子之间有着神奇的规律,我们只需用一个一维数组就可以存储完全二叉树。首先将完全二叉树进行从上到下,从左到右编号。

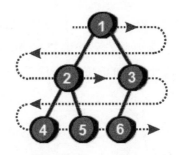

通过上图我们发现，如果完全二叉树的一个父结点编号为 k，那么它左儿子的编号就是 2*k，右儿子的编号就是 2*k+1。如果已知儿子（左儿子或右儿子）的编号是 x，那么它父结点的编号就是 x/2，注意这里只取商的整数部分。在 C 语言中如果除号"/"两边都是整数的话，那么商也只有整数部分（即自动向下取整），即 4/2 和 5/2 都是 2。另外如果一棵完全二叉树有 N 个结点，那么这个完全二叉树的高度为 $\log_2 N$+1，简写为 $\log_2 N$，即最多有 $\log_2 N$ 层结点。完全二叉树的最典型应用就是——堆。那么堆又有什么作用呢？请看下节：堆——神奇的优先队列。

## 第 3 节　堆——神奇的优先队列

堆是什么？是一种特殊的完全二叉树，就像下面这棵树一样。

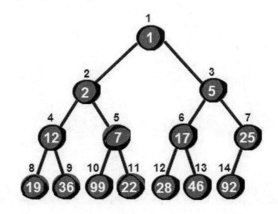

有没有发现这棵二叉树有一个特点？就是所有父结点都比子结点要小（注意：圆圈里面的数是值，圆圈上面的数是这个结点的编号，此规定仅适用于本节）。符合这样特点的完全二叉树我们称为最小堆。反之，如果所有父结点都比子结点要大，这样的完全二叉树称为最大堆。那这一特性究竟有什么用呢？

假如有 14 个数，分别是 99、5、36、7、22、17、46、12、2、19、25、28、1 和 92，请找出这 14 个数中最小的数，请问怎么办呢？最简单的方法就是将这 14 个数从头到尾依次扫一遍，用一个循环就可以解决。这种方法的时间复杂度是 $O(14)$，也就是 $O(N)$。

```
for(i=1;i<=14;i++)
{
    if(a[i]<min)    min=a[i];
}
```

现在我们需要删除其中最小的数，并增加一个新数 23，再次求这 14 个数中最小的一个数。请问该怎么办呢？只能重新扫描所有的数，才能找到新的最小的数，这个时间复杂度也是 $O(N)$。假如现在有 14 次这样的操作（删除最小的数后再添加一个新数），那么整个时间复杂度就是 $O(14^2)$ 即 $O(N^2)$。那有没有更好的方法呢？堆这个特殊的结构恰好能够很好地解决这个问题。

首先我们把这 14 个数按照最小堆的要求（就是所有父结点都比子结点要小）放入一棵完全二叉树，就像下面这棵树一样。

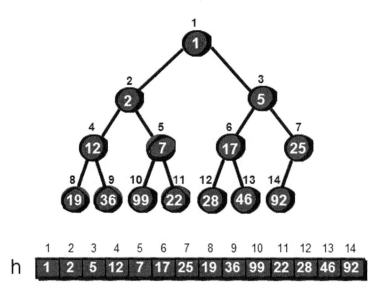

很显然最小的数就在堆顶，假设存储这个堆的数组叫做 $h$ 的话，最小数就是 $h[1]$。接下来，我们将堆顶部的数删除。将新增加的数 23 放到堆顶。显然加了新数后已经不符合最小堆的特性，我们需要将新增加的数调整到合适的位置。那如何调整呢？

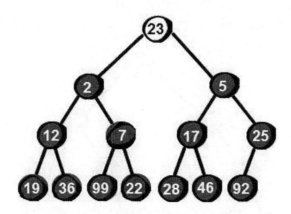

向下调整!我们需要将这个数与它的两个儿子 2 和 5 比较,选择较小的一个与它交换,交换之后如下。

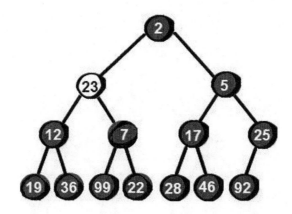

我们发现此时还是不符合最小堆的特性,因此还需要继续向下调整。于是继续将 23 与它的两个儿子 12 和 7 比较,选择较小一个交换,交换之后如下。

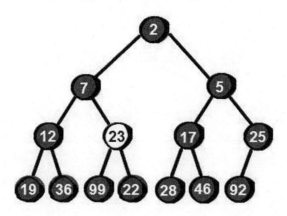

到此，还是不符合最小堆的特性，仍需要继续向下调整，直到符合最小堆的特性为止。

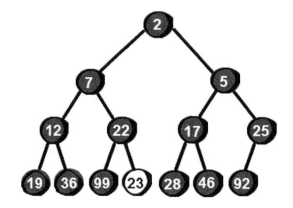

现在我们发现已经符合最小堆的特性了。综上所述，当新增加一个数被放置到堆顶时，如果此时不符合最小堆的特性，则需要将这个数向下调整，直到找到合适的位置为止，使其重新符合最小堆的特性。

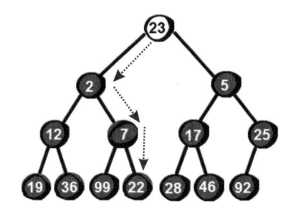

向下调整的代码如下。

```
void siftdown(int i) //传入一个需要向下调整的结点编号i，这里传入1，即从堆的顶点开始
                    //向下调整
{
    int t,flag=0;//flag用来标记是否需要继续向下调整
    //当i结点有儿子（其实是至少有左儿子的情况下）并且有需要继续调整的时候，循环就执行
    while( i*2<=n && flag==0 )
    {
        //首先判断它和左儿子的关系，并用t记录值较小的结点编号
        if( h[i] > h[i*2] )
```

```
            t=i*2;
        else
            t=i;
    //如果它有右儿子,再对右儿子进行讨论
    if(i*2+1 <= n)
    {
        //如果右儿子的值更小,更新较小的结点编号
        if(h[t] > h[i*2+1])
            t=i*2+1;
    }
    //如果发现最小的结点编号不是自己,说明子结点中有比父结点更小的
    if(t!=i)
    {
        swap(t,i);//交换它们,注意swap函数需要自己来写
        i=t;//更新i为刚才与它交换的儿子结点的编号,便于接下来继续向下调整
    }
    else
        flag=1;//否则说明当前的父结点已经比两个子结点都要小了,不需要再进行调整了
}
return;
}
```

我们刚才在对 23 进行调整的时候,竟然只进行了 3 次比较,就重新恢复了最小堆的特性。现在最小的数依然在堆顶,为 2。而使用之前从头到尾扫描的方法需要 14 次比较,现在只需要 3 次就够了。现在每次删除最小的数再新增一个数,并求当前最小数的时间复杂度是 $O(3)$,这恰好是 $O(\log_2 14)$ 即 $O(\log_2 N)$,简写为 $O(\log N)$。假如现在有 1 亿个数(即 $N$=1 亿),进行 1 亿次删除最小数并新增一个数的操作,使用原来扫描的方法计算机需要运行大约 1 亿的平方次,而现在只需要 1 亿*log1 亿次,即 27 亿次。假设计算机每秒钟可以运行 10 亿次,那原来的方法需要一千万秒大约 115 天!而现在只要 2.7 秒。是不是很神奇?再次感受到算法的伟大了吧。

说到这里,如果只是想新增一个值,而不是删除最小值,又该如何操作呢?即如何在原有的堆上直接插入一个新元素呢?只需要直接将新元素插入到末尾,再根据情况判断新元素是否需要上移,直到满足堆的特性为止。如果堆的大小为 $N$(即有 $N$ 个元素),那么插入一个新元素所需要的时间为 $O(\log N)$。例如我们现在要新增一个数 3。

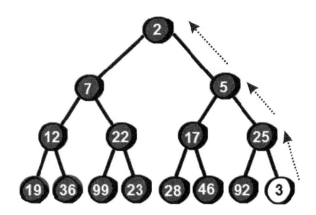

先将 3 与它的父结点 25 比较,发现比父结点小,为了维护最小堆的特性,需要与父结点的值进行交换。交换之后发现还是要比它此时的父结点 5 小,因此再次与父结点交换,到此又重新满足了最小堆的特性。向上调整完毕后如下。

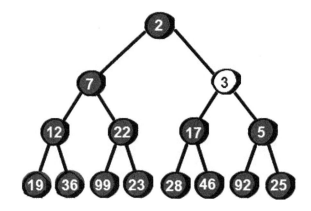

向上调整的代码如下。

```
void siftup(int i) //传入一个需要向上调整的结点编号i
{
    int flag=0; //用来标记是否需要继续向上调整
    if(i==1)  return; //如果是堆顶,就返回,不需要调整了
    //不在堆顶,并且当前结点i的值比父结点小的时候就继续向上调整
    while(i!=1 && flag==0)
    {
        //判断是否比父结点的小
        if(h[i]<h[i/2])
            swap(i,i/2);//交换它和它爸爸的位置
        else
```

```
            flag=1;//表示已经不需要调整了,当前结点的值比父结点的值要大
            i=i/2;    //这句话很重要,更新编号i为它父结点的编号,从而便于下一次继续向上调整
    }
    return;
}
```

说了半天,我们忽略了一个很重要的问题!就是如何建立这个堆。可以从空的堆开始,然后依次往堆中插入每一个元素,直到所有数都被插入(转移到堆中)为止。因为插入第 $i$ 个元素所用的时间是 $O(\log i)$,所以插入所有元素的整体时间复杂度是 $O(N\log N)$,代码如下。

```
n=0;
for(i=1;i<=m;i++)
{
    n++;
    h[n]=a[i];    //或者写成scanf("%d",&h[n]);
    siftup(n);
}
```

其实我们还有更快的方法来建立堆。它是这样的。

直接把 99、5、36、7、22、17、92、12、2、19、25、28、1 和 46 这 14 个数放入一个完全二叉树中(这里我们还是用一个一维数组来存储完全二叉树)。

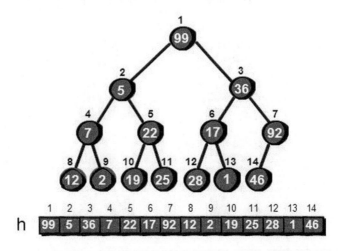

在这棵完全二叉树中,我们从最后一个结点开始,依次判断以这个结点为根的子树是否符合最小堆的特性。如果所有的子树都符合最小堆的特性,那么整棵树就是最小堆了。如果这句话没有理解不要着急,继续往下看。

首先我们从叶结点开始。因为叶结点没有儿子，所以所有以叶结点为根结点的子树（其实这个子树只有一个结点）都符合最小堆的特性，即父结点的值比子结点的值小。这里所有的叶结点连子结点都没有，当然符合这个特性。因此所有叶结点都不需要处理，直接跳过。从第 $n/2$ 个结点（$n$ 为完全二叉树的结点总数，这里即 7 号结点）开始处理这棵完全二叉树。注意完全二叉树有一个性质：最后一个非叶结点是第 $n/2$ 个结点。

以 7 号结点为根的子树不符合最小堆的特性，因此要向下调整。

同理，以 6 号、5 号和 4 号结点为根的子树也不符合最小堆的特性，都需要往下调整。

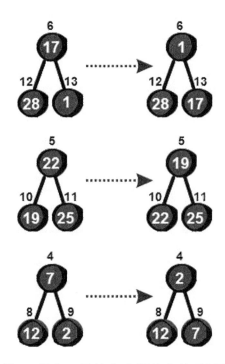

下面是已经对 7 号、6 号、5 号和 4 号结点为根结点的子树调整完毕之后的状态。

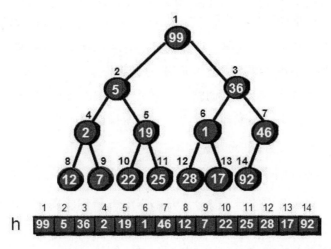

当然目前这棵树仍然不符合最小堆的特性,我们需要继续调整以 3 号结点为根的子树,即将 3 号结点向下调整。

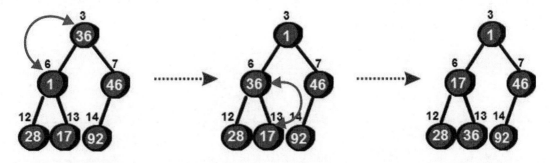

同理,继续调整以 2 号结点为根的子树,最后调整以 1 号结点为根的子树。调整完毕之后,整棵树就符合最小堆的特性啦。

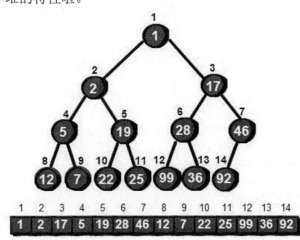

小结一下这个创建堆的算法。把 n 个元素建立一个堆，首先我可以将这 n 个结点以自顶向下、从左到右的方式从 1 到 n 编码。这样就可以把这 n 个结点转换成为一棵完全二叉树。紧接着从最后一个非叶结点（结点编号为 n/2）开始到根结点（结点编号为 1），逐个扫描所有的结点，根据需要将当前结点向下调整，直到以当前结点为根结点的子树符合堆的特性。虽然讲起来很复杂，但是实现起来却很简单，只有两行代码如下：

```
for(i=n/2;i>=1;i--)
    siftdown(i);
```

用这种方法来建立一个堆的时间复杂度是 $O(N)$，如果你感兴趣可以尝试自己证明一下，嘿嘿。

堆还有一个作用就是堆排序，与快速排序一样，堆排序的时间复杂度也是 $O(N\log N)$。堆排序的实现很简单，比如我们现在要进行从小到大排序，可以先建立最小堆，然后每次删除顶部元素并将顶部元素输出或者放入一个新的数组中，直到堆为空为止。最终输出的或者存放在新数组中的数就已经是排序好的了。

```
//删除最小的元素
int deletemin()
{
    int t;
    t=h[1];//用一个临时变量记录堆顶点的值
    h[1]=h[n];//将堆的最后一个点赋值到堆顶
    n--;//堆的元素减少1
    siftdown(1);//向下调整
    return t;//返回之前记录的堆的顶点的最小值
}
```

建堆以及堆排序的完整代码如下：

```
#include <stdio.h>
int h[101];//用来存放堆的数组
int n;//用来存储堆中元素的个数，也就是堆的大小

//交换函数，用来交换堆中的两个元素的值
void swap(int x,int y)
{
    int t;
```

```
    t=h[x];
    h[x]=h[y];
    h[y]=t;
    return;
}

//向下调整函数
void siftdown(int i)  //传入一个需要向下调整的结点编号i，这里传入1，即从堆的顶点开始
                     //向下调整
{
    int t,flag=0;//flag用来标记是否需要继续向下调整
    //当i结点有儿子（其实是至少有左儿子）并且有需要继续调整的时候循环就执行
    while( i*2<=n && flag==0 )
    {
        //首先判断它和左儿子的关系，并用t记录值较小的结点编号
        if( h[i] > h[i*2] )
            t=i*2;
        else
            t=i;
        //如果它有右儿子，再对右儿子进行讨论
        if(i*2+1 <= n)
        {
            //如果右儿子的值更小，更新较小的结点编号
            if(h[t] > h[i*2+1])
                t=i*2+1;
        }
        //如果发现最小的结点编号不是自己，说明子结点中有比父结点更小的
        if(t!=i)
        {
            swap(t,i);//交换它们，注意swap函数需要自己来写
            i=t;//更新i为刚才与它交换的儿子结点的编号，便于接下来继续向下调整
        }
        else
            flag=1;// 否则说明当前的父结点已经比两个子结点都要小了，不需要再进行调整了
    }
    return;
}

//建立堆的函数
void creat()
```

```
{
    int i;
    //从最后一个非叶结点到第1个结点依次进行向下调整
    for(i=n/2;i>=1;i--)
    {
        siftdown(i);
    }
    return;
}

//删除最大的元素
int deletemax()
{
    int t;
    t=h[1];//用一个临时变量记录堆顶点的值
    h[1]=h[n];//将堆的最后一个点赋值到堆顶
    n--;//堆的元素减少1
    siftdown(1);//向下调整
    return t;//返回之前记录的堆的顶点的最小值
}

int main()
{
    int i,num;
    //读入要排序的数字的个数
    scanf("%d",&num);

    for(i=1;i<=num;i++)
        scanf("%d",&h[i]);
    n=num;

    //建堆
    creat();

    //删除顶部元素，连续删除n次，其实也就是从小到大把数输出来
    for(i=1;i<=num;i++)
        printf("%d ",deletemax());

    getchar();
    getchar();
```

```
        return 0;
}
```

可以输入以下数据进行验证。

```
14
99 5 36 7 22 17 46 12 2 19 25 28 1 92
```

运行结果是：

```
1 2 5 7 12 17 19 22 25 28 36 46 92 99
```

当然堆排序还有一种更好的方法。从小到大排序的时候不建立最小堆而建立最大堆，最大堆建立好后，最大的元素在 h[1]，因为我们的需求是从小到大排序，希望最大的放在最后。因此我们将 h[1] 和 h[n] 交换，此时 h[n] 就是数组中的最大的元素。请注意，交换后还需将 h[1] 向下调整以保持堆的特性。OK，最大的元素已经归位后，需要将堆的大小减 1 即 n--，并将交换后的新 h[1] 向下调整以保持堆的特性。如此反复，直到堆的大小变成 1 为止。此时数组 h 中的数就已经是排序好的了。代码如下：

```
//堆排序
void heapsort()
{
    while(n>1)
    {
        swap(1,n);
        n--;
        siftdown(1);
    }
    return;
}
```

完整的堆排序的代码如下，注意使用这种方法来进行从小到大排序需要建立最大堆。

```
#include <stdio.h>
int h[101];//用来存放堆的数组
int n;//用来存储堆中元素的个数，也就是堆的大小

//交换函数，用来交换堆中的两个元素的值
void swap(int x,int y)
{
```

```
        int t;
        t=h[x];
        h[x]=h[y];
        h[y]=t;
        return;
}

//向下调整函数
void siftdown(int i) //传入一个需要向下调整的结点编号i，这里传入1，即从堆的顶点开始
                    //向下调整
{
        int t,flag=0;//flag用来标记是否需要继续向下调整
        //当i结点有儿子（其实是至少有左儿子）并且有需要继续调整的时候循环就执行
        while( i*2<=n && flag==0 )
        {
                //首先判断它和左儿子的关系，并用t记录值较大的结点编号
                if( h[i] < h[i*2] )
                        t=i*2;
                else
                        t=i;
                //如果它有右儿子，再对右儿子进行讨论
                if(i*2+1 <= n)
                {
                        //如果右儿子的值更大，更新为较大的结点编号
                        if(h[t] < h[i*2+1])
                                t=i*2+1;
                }
                //如果发现最大的结点编号不是自己，说明子结点中有比父结点更大的
                if(t!=i)
                {
                        swap(t,i);//交换它们，注意swap函数需要自己来写
                        i=t;//更新i为刚才与它交换的儿子结点的编号，便于接下来继续向下调整
                }
                else
                        flag=1;// 否则说明当前的父结点已经比两个子结点都要大了，不需要再进行调整了
        }
        return;
}

//建立堆的函数
void creat()
```

```
{
    int i;
    //从最后一个非叶结点到第1个结点依次进行向下调整
    for(i=n/2;i>=1;i--)
    {
        siftdown(i);
    }
    return;
}

//堆排序
void heapsort()
{
    while(n>1)
    {
        swap(1,n);
        n--;
        siftdown(1);
    }
    return;
}

int main()
{
    int i,num;
    //读入n个数
    scanf("%d",&num);
    
    for(i=1;i<=num;i++)
        scanf("%d",&h[i]);
    n=num;
    
    //建堆
    creat();
    
    //堆排序
    heapsort();
    
    //输出
    for(i=1;i<=num;i++)
        printf("%d ",h[i]);
```

```
    getchar();
    getchar();
    return 0;
}
```

可以输入以下数据进行验证。

```
14
99 5 36 7 22 17 46 12 2 19 25 28 1 92
```

运行结果是：

```
1 2 5 7 12 17 19 22 25 28 36 46 92 99
```

OK，最后还是要总结一下。像这样支持插入元素和寻找最大（小）值元素的数据结构称为优先队列。如果使用普通队列来实现这两个功能，那么寻找最大元素需要枚举整个队列，这样的时间复杂度比较高。如果是已排序好的数组，那么插入一个元素则需要移动很多元素，时间复杂度依旧很高。而堆就是一种优先队列的实现，可以很好地解决这两种操作。

另外 Dijkstra 算法中每次找离源点最近的一个顶点也可以用堆来优化，使算法的时间复杂度降到 $O((M+N)logN)$。堆还经常被用来求一个数列中第 $K$ 大的数，只需要建立一个大小为 $K$ 的最小堆，堆顶就是第 $K$ 大的数。（我举个例子，假设有 10 个数，要求第 3 大的数。第一步选取任意 3 个数，比如说是前 3 个，将这 3 个数建成最小堆，然后从第 4 个数开始，与堆顶的数比较，如果比堆顶的数要小，那么这个数就不要，如果比堆顶的数要大，则舍弃当前堆顶而将这个数做为新的堆顶，并再去维护堆，用同样的方法去处理第 5~10 个数）

如果求一个数列中第 $K$ 小的数，只需要建立一个大小为 $K$ 的最大堆，堆顶就是第 $K$ 小的数，这种方法的时间复杂度是 $O(NlogK)$。当然你也可以用堆来求前 $K$ 大的数和前 $K$ 小的数。你还能想出更快的算法吗？有兴趣的同学可以去阅读《编程之美》第二章第五节。

堆排序算法是由 J.W.J. Williams 在 1964 年发明，他同时描述了如何使用堆来实现一个优先队列。同年，由 Robert W．Floyd 提出了建立堆的线性时间算法。

## 第 4 节　擒贼先擒王——并查集

上一节用了很长的篇幅讲解了树在优先队列中的应用——堆的实现。那么树还有哪些神奇的用法呢？咱们从一个故事说起——解密犯罪团伙。

# 第 7 章　神奇的树

快过年了,犯罪分子们也开始为年终奖"奋斗"了,小哼的家乡出现了多次抢劫事件。由于强盗人数过于庞大,作案频繁,警方想查清楚到底有几个犯罪团伙实在是太不容易了,不过警察叔叔还是搜集到了一些线索,需要咱们帮忙分析一下。

现在有 11 个强盗。

1 号强盗与 2 号强盗是同伙。

3 号强盗与 4 号强盗是同伙。

5 号强盗与 2 号强盗是同伙。

4 号强盗与 6 号强盗是同伙。

2 号强盗与 6 号强盗是同伙。

7 号强盗与 11 号强盗是同伙。

8 号强盗与 7 号强盗是同伙。

9 号强盗与 7 号强盗是同伙。

9 号强盗与 11 号强盗是同伙。

1 号强盗与 6 号强盗是同伙。

有一点需要注意:强盗同伙的同伙也是同伙。你能帮助警方查出有多少个独立的犯罪团伙吗?

要想解决这个问题,首先我们假设这 11 个强盗相互是不认识的,他们各自为政,每个人都是首领,他们只听从自己的。之后我们将通过警方提供的线索,一步步地来"合并同伙"。

第一步:我们申请一个一维数组 f,我们用 f[1]~f[11]分别存储 1~11 号强盗中每个强盗的首领"BOSS"是谁。

第二步：初始化。根据我们之前的约定，这 11 个强盗最开始是各自为政的，每个强盗的 BOSS 就是自己。"1 号强盗"的 BOSS 就是"1 号强盗"自己，因此 f[1]的值为 1。以此类推，"11 号强盗"的 BOSS 是"11 号强盗"，即 f[11]的值为 11。请注意，这是很重要的一步。

我们用数组下标来表示强盗的编号
每个单元格中存储的是每个强盗的"BOSS"是谁

第三步：开始"合并同伙"，即如果发现目前两个强盗是同伙，则这两个强盗是同一个犯罪团伙。现在有一个问题：合并之后谁才是这个犯罪团伙的 BOSS 呢？

例如警方得到的第 1 条线索是"1 号强盗与 2 号强盗是同伙"。"1 号强盗"和"2 号强盗"原来的 BOSS 都是自己，如今发现"1 号强盗"和"2 号强盗"其实是同一个犯罪团伙，那么究竟是让"1 号强盗"变成"2 号强盗"的 BOSS，还是让"2 号强盗"变成"1 号强盗"的 BOSS 呢？一个犯罪团伙只能有一个首领。其实无所谓，都可以。我们这里假定左边的强盗更厉害一些，给这个规定起个名字叫作"靠左"法则。也就是说"2 号强盗"的 BOSS 将变成"1 号强盗"。因此我们将 f[2]中的数改为 1，表明"2 号强盗"归顺了"1 号强盗"。其实准确地说应该是原本归顺"2 号强盗"的所有人都归顺了"1 号强盗"才对，只不过此时"2 号强盗"只孤身一人，因此只需要将 f[2]的值改为 1。不要着急，继续往后面看，你就知道我为什么这样说了，如下。

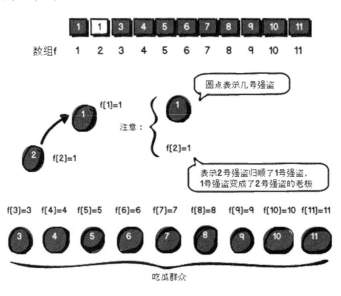

## 第 7 章 神奇的树

警方得到的第 2 条线索是"3 号强盗与 4 号强盗是同伙",说明"3 号强盗"和"4 号强盗"也是同一个犯罪团伙。根据"靠左"原则"4 号强盗"归顺了"3 号强盗",所以 f[4]中的值要改为 3,原理和刚才处理第 1 条线索是一样的,如下。

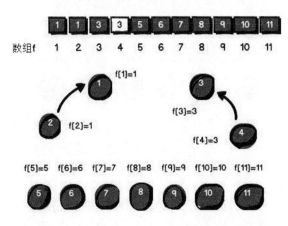

警方得到的第 3 条线索是"5 号强盗"与"2 号强盗"是同伙。f[5]的值是 5,说明"5 号强盗"的 BOSS 仍然是自己。f[2]的值是 1,说明"2 号强盗"的 BOSS 是"1 号强盗"。根据"靠左"法则,右边的强盗必须归顺于左边的强盗。此时你可能会将 f[2]的值改为 5。注意啦!此时如果你将 f[2]的值改为 5,就是说让"2 号强盗"归顺"5 号强盗"。那"1 号强盗"可就不干了,你凭什么抢我的人?他非跟你干一架不可。这样会让"2 号强盗"很难选择,我究竟归顺谁好呢?

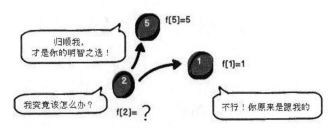

现在我来给你支个招,嘿嘿(^_^)古语云"擒贼先擒王"。你直接找"2 号强盗"的 BOSS "1 号强盗"谈,让其归顺"5 号强盗"就 OK 了,也就是将 f[1]的值改为 5。现在"2 号强盗"的 BOSS 是"1 号强盗",而"1 号强盗"的 BOSS 变成了"5 号强盗",即"1 号强盗"带领手下"2 号强盗"归顺了"5 号强盗",这样所有的关系信息就都保留下来了。如下。

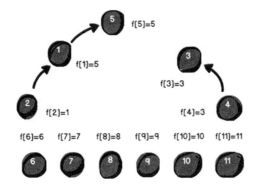

警方得到的第 4 条线索是"4 号强盗"与"6 号强盗"是同伙。f[4]的值是 3，f[6]的值是 6。根据"靠左"原则，让"6 号强盗"加入"3 号犯罪团伙"。我们需要将 f[6]的值改为 3。原理和处理第 1 条和第 2 条线索相同。

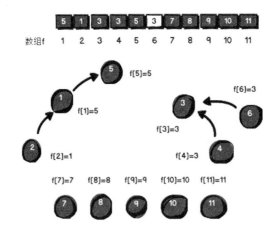

警方得到的第 5 条线索是"2 号强盗"与"6 号强盗"是同伙。f[2]的值是 1，f[1]的值是 5，即"2 号强盗"的大 BOSS（首领）是"5 号强盗"。f[6]的值是 3，即"6 号强盗"的 BOSS 是"3 号强盗"。根据"靠左"原则和"擒贼先擒王"原则，让"6 号强盗"的 BOSS"3 号强盗"归顺"2 号强盗"的大 BOSS（首领）"5 号强盗"。因此我们需要将 f[3]的值改为 5，即让"3 号强盗"带领其手下归顺"5 号强盗"。

需要特别注意的是，此时，"5 号强盗"团伙内部发生了一些变动。我们在寻找"2 号强盗"的大 BOSS（首领）是谁时，顺带将 f[2]从 1 改成了 5，也就是说现在"2 号强盗"也变成大 BOSS（首领）"5 号强盗"的直属手下了。

这就是强盗团伙的江湖规矩，谁能找到自己帮派的大 BOSS（首领），谁就会被大 BOSS（首领）提拔，升职加薪，成为大 BOSS（首领）的直属手下。这种扁平化管理的方式可以有效地提高强盗团伙找大 BOSS 的效率，在"并查集"算法中有一个专门的术语，叫作"路径压缩"，具体代码在后面展示。

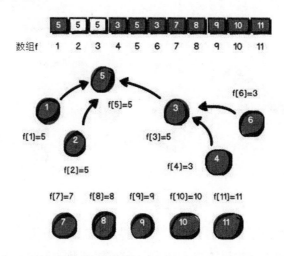

细心的同学会问了，刚才不是说如果直接把 f[2]改成 5，"2 号强盗"和"1 号强盗"之间的关系就断了吗？此一时，彼一时。在得到第 3 条线索的时候，那时候"1 号强盗"和"5 号强盗"的关系还没有建立起来，如果把 f[2]改为 5，"2 号强盗"想要找"1 号强盗"就找不到了。但到了第 5 条线索的时候，"2 号强盗"和"1 号强盗"已经都在大 BOSS（首领）"5 号强盗"手下工作了，这时候将 f[2]改为 5，"2 号强盗"想找大 BOSS（首领）"5 号强盗"变得更加方便，而"1 号强盗"和"2 号强盗"之间的关系也没有丢失，因此整体上效率变得更高了。

警方得到的第 6 条线索是"7 号强盗"与"11 号强盗"是同伙。f[11]的值是 11，f[7]的值是 7。根据"靠左"原则，让"11 号强盗"归顺"7 号强盗"。我们需要将 f[11]的值改为 7。

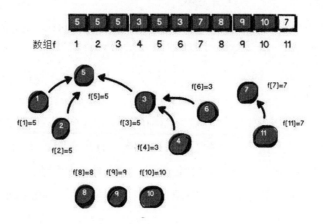

警方得到的第 7 条线索是"8 号强盗"与"7 号强盗"是同伙。f[8]的值是 8，f[7]的值是 7。根据"靠左"原则，让"7 号强盗"归顺"8 号强盗"。我们需要将 f[7]的值改为 8。

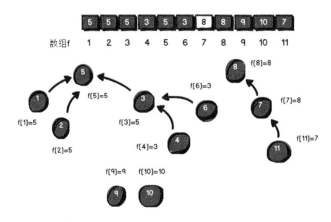

警方得到的第 8 条线索是"9 号强盗"与"7 号强盗"是同伙。f[9]的值是 9，f[7]的值是 8。根据"靠左"原则和"擒贼先擒王"原则，我们需要将 f[8]的值改为 9。

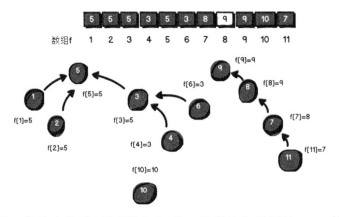

警方得到的第 9 条线索是"9 号强盗"与"11 号强盗"是同伙。f[9]的值是 9，f[11]的值是 7。什么？他们竟然不在同一个犯罪团伙中？这貌似不对吧，通过上图可以很显然地看出来"11 号强盗"和"9 号强盗"都在同一个犯罪团伙中。不过"11 号强盗"并不直属于大 BOSS（首领）"9 号强盗"，而是归顺在"7 号强盗"的手下。现在来看看"7 号强盗"又归顺了谁呢？我们发现 f[7]=8，也就是说"7 号强盗"归顺了"8 号强盗"。而 f[8]=9，也就是说"8 号强盗"归顺了"9 号强盗"。我们再来看看"9 号强盗"有没有归顺于别的人。发现 f[9]的值还是 9，太牛了！说明"9 号强盗"的 BOSS 仍然是自己，他就是所在团伙的大 BOSS（首领）。

我们刚才模拟的过程其实就是递归的过程。从"11 号强盗"顺藤摸瓜一直找到他所在团伙的大 BOSS（首领）"9 号强盗"。刚才说了，强盗团伙的江湖规矩是，谁能找到自己帮派的大 BOSS（首领），就会被提拔为首领的直属手下。经过这一次"路径压缩"，一路上"11 号强盗""7 号强盗"和"8 号强盗"，都找到了自己的大 BOSS"9 号强盗"。下次再问他们的 BOSS 是谁的时候，他们就能马上回答出是"9 号强盗"啦。

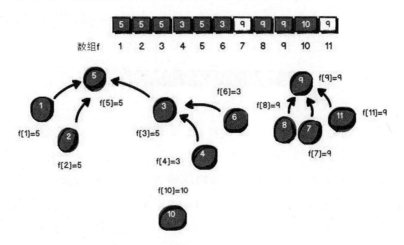

警方得到的最后一条线索是"1 号强盗"与"6 号强盗"是同伙。这又是一次"路径压缩"的过程。f[1]是 5，"1 号强盗"的 BOSS 是"5 号强盗"。f[6]是 3，"6 号强盗"的 BOSS 是"3 号强盗"。f[3]是 5，"3 号强盗"的 BOSS 是"5 号强盗"。说明"6 号强盗"和"1 号强盗"是在一个团伙中的，但他现在并不是直接跟着团伙的大 BOSS（首领）"5 号强盗"，而是跟着"3 号强盗"。而经过这次"路径压缩"，他的 BOSS 就改成了"5 号强盗"。但是注意，这一次的"路径压缩"只发生在"6 号强盗""3 号强盗""5 号强盗"这条路径上，团伙中的"4 号强盗"不在被压缩的路径上，所以他的 BOSS 暂时不会改变，还是"3 号强盗"。

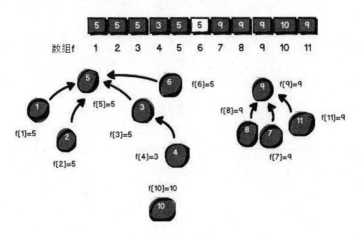

好了，所有的线索分析完毕，那么究竟有多少个犯罪团伙呢？我想你从上面的图中一眼就可以看出来了，一共有 3 个犯罪团伙，分别是 5 号犯罪团伙（由 5、1、2、3、4、6 号强盗组成），9 号犯罪团伙（由 9、8、7、11 号强盗组成）以及 10 号犯罪团伙（只有 10 号强盗一个人）。从下面这张图就可以清晰地看出，如果 f[i]=i，就表示此人是一个犯罪团伙的最高领导人，有多少个最高领导人就是有多少个"独立的犯罪团伙"。最后数组中 f[5]=5、f[9]=9、f[10]=10，因此有 3 个独立的犯罪团伙。

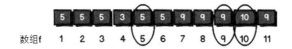

我们刚才模拟的过程其实就是并查集的算法。并查集通过一个一维数组来实现，其本质是维护一个森林。刚开始的时候，森林的每个点都是孤立的，也可以理解为每个点就是一棵只有一个结点的树，之后通过一些条件，逐渐将这些树合并成一棵大树。其实合并的过程就是"认爹"的过程。在"认爹"的过程中，要遵守"靠左"原则和"擒贼先擒王"原则。在每次判断两个结点是否已经在同一棵树中的时候（一棵树其实就是一个集合），也要注意必须求其根源，中间父亲结点（"小 BOSS"）是不能说明问题的，必须找到其祖宗（树的根结点），判断两个结点的祖宗是否是同一个根结点才行。下面我将"解密犯罪团伙"这个问题模型化，并给出代码和注释：

```c
#include <stdio.h>
int f[1001]={0},n,m,sum=0;
//这里是初始化，非常地重要，数组里面存的是自己数组下标的编号就好了。
void init()
{
    int i;
    for(i=1;i<=n;i++)
        f[i]=i;
    return;
}
//这是找爹的递归函数，不停地去找爹，直到找到祖宗为止，其实就是去找犯罪团伙的最高领导人，
//"擒贼先擒王"原则。
int getf(int v)
{
    if(f[v]==v)
        return v;
```

## 第7章 神奇的树

```c
        else
        {
            //这里是路径压缩,每次在函数返回的时候,顺带把路上遇到的人的"BOSS"改为最后找
            //到的祖宗编号,也就是犯罪团伙的最高领导人编号。这样可以提高今后找到犯罪团伙的
            //最高领导人(其实就是树的祖先)的速度。
            f[v]=getf(f[v]);//这里进行了路径压缩
            return f[v];
        }
}
//这里是合并两子集合的函数
void merge(int v,int u)
{
    int t1,t2;//t1、t2分别为v和u的大BOSS(首领),每次双方的会谈都必须是各自最高
              //领导人才行
    t1=getf(v);
    t2=getf(u);
    if( t1!=t2 )  //判断两个结点是否在同一个集合中,即是否为同一个祖先。
    {
        f[t2]=t1;
//"靠左"原则,左边变成右边的BOSS。即把右边的集合,作为左边集合的子集合。
    }
    return;
}

//请从此处开始阅读程序,从主函数开始阅读程序是一个好习惯。
int main()
{
    int i,x,y;
    scanf("%d %d",&n,&m);
    
    init();   //初始化是必须的
    for(i=1;i<=m;i++)
    {
        //开始合并犯罪团伙
        scanf("%d %d",&x,&y);
        merge(x,y);
    }
    
    //最后扫描有多少个独立的犯罪团伙
    for(i=1;i<=n;i++)
```

```
    {
         if(f[i]==i)
sum++;
    }
    printf("%d\n",sum);
    getchar();getchar();
    return 0;
}
```

可以输入以下数据进行验证。第一行 n m，n 表示强盗的人数，m 表示警方搜集到的 m 条线索。接下来的 m 行每一行有两个数 a 和 b，表示强盗 a 和强盗 b 是同伙。

```
11 10
1 2
3 4
5 2
4 6
2 6
7 11
8 7
9 7
9 11
1 6
```

运行结果是：

```
3
```

并查集也称为不相交集数据结构。此算法的发展经历了十多年，研究它的人也很多，其中 Robert E. Tarjan 做出了很大的贡献。在此之前 John E. Hopcroft 和 Jeffrey D. Ullman 也进行了大量的分析。你是不是又感觉 Robert E. Tarjan 和 John E. Hopcroft 很熟悉？没错，就是发明了深度优先搜索的两个人——1986 年的图灵奖得主。你看牛人们从来都不闲着的。他们到处交流，寻找合作伙伴，一起改变世界。

好了，到了本章结尾的部分啦。其实树还有很多神奇的用法，比如：线段树、树状数组、Trie 树（字典树）、二叉搜索树、红黑树（是一种平衡二叉搜索树）等等。这些数据结构较为复杂，感兴趣的同学可以参考其他资料，或等待下一本《啊哈！算法 2——伟大思维闪耀时》哈哈。

# 第 8 章 更多精彩算法

## 第 1 节 镖局运镖——图的最小生成树

最近小哼迷上了《龙门镖局》,从恰克图到武夷山,从张家口到老河口,从迪化到佛山,从蒙自到奉天,迤逦数千里的商道上,或车马,或舟楫,或驼驮,或肩挑,货物往来,钱财递送,皆离不开镖局押运。商号开在哪里,镖局便设在哪里。古代镖局的运镖,就是运货,也就是现代的物流。镖局每到一个新地方开展业务,都需要对运镖途中的绿林好汉进行打点。好说话的打点费就比较低,不好说话的打点费就比较高。现已知城镇地图如下,顶点是城镇编号,边上的值表示这条道路上打点绿林好汉需要的银子数。

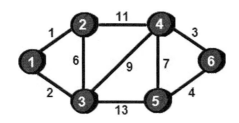

数据给出如下:

```
6 9
2 4 11
3 5 13
4 6 3
5 6 4
```

```
2 3 6
4 5 7
1 2 1
3 4 9
1 3 2
```

第一行有两个数 $n$ 和 $m$，$n$ 表示有 $n$ 个城市，$m$ 表示有 $m$ 条道路。接下来的 $m$ 行，每行形如"$a\ b\ c$"用来表示一条道路，意思是城市 $a$ 到城市 $b$ 需要花费的银子数是 $c$。

镖局现在需要选择一些道路进行疏通，以便镖局可以到达任意一个城镇，要求是花费的银子越少越好。换句话说，镖局的要求就是用最少的边让图连通（任意两点之间可以互相到达），其实就是将多余的边去掉。很显然，要想让有 $n$ 个顶点的图连通，那么至少需要 $n-1$ 条边。在上一章我们已经说过，如果一个连通无向图不包含回路，那么这就是一棵树，其实这里就是求一个图的最小生成树。需要特别说明一下的是，我们在这里只讨论无向图的最小生成树。下面就是两种生成树方案。

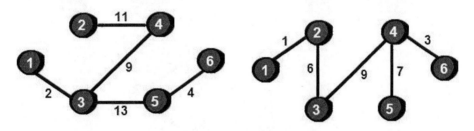

显然这两种方案都不是最佳方案。那么现在关键问题就是：如何选出这 $n-1$ 条边，使得边的总长度之和最短呢？

既然要求是让边的总长度之和最短，我们自然可以想到首先选择最短的边，然后选择次短的边……直到选择了 $n-1$ 条边为止。这就需要先对所有的边按照权值进行从小到大排序，然后从最小的开始选，依次选择每一条边，直到选择了 $n-1$ 条边让整个图连通为止。将上图中的所有边排序之后如下。

```
1 2 1
1 3 2
4 6 3
5 6 4
2 3 6
4 5 7
3 4 9
```

```
2 4 11
3 5 13
```

选择过程如下：

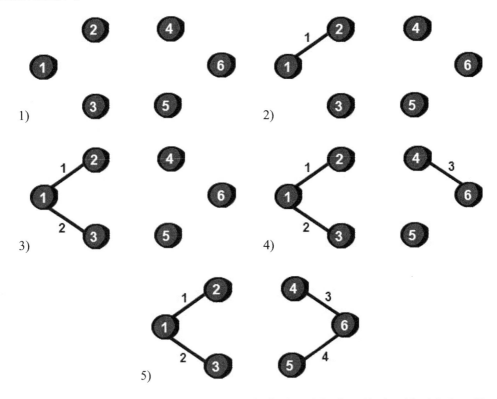

到目前为止都很完美，直到选用 2 3 6 这条边时，我们发现此时 2 号顶点和 3 号顶点已经连通了，不再需要 2 3 6 这条边。如果加上这条边就会形成回路，那就不是树了，因此需要跳过这条边。

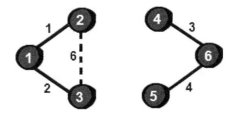

接下来是 4 5 7 这条边，同理这条边我们也不能选用。

## 第 8 章　更多精彩算法

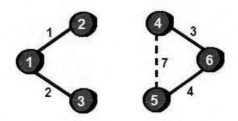

最终选用 3 4 9 这条边后，我们已经选用了 $n-1$ 条边，图已经连通，算法结束，如下。

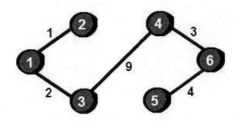

回顾刚才的算法，比较难于实现的是：判断两个顶点是否**已连通**。这一点我们可以使用深度优先搜索或者广度优先搜索来解决，但这样的效率很低。我们有更好的选择，那就是上一章已经学习的并查集。将所有的顶点放入一个并查集中，判断两个顶点是否连通，只需判断两个顶点是否在同一个集合（即是否有共同的祖先）即可。这样时间复杂度仅为 $O(\log N)$。

这个算法有个名字叫做 Kruskal，由 Joseph B. Kruskal 在 1956 年发表。另外说一下这位神犇的哥哥 Martin D. Kruskal 是美国著名的应用数学家（Kruskal 家族基因好啊）。最后还是来总结一下该算法：首先按照边的权值进行从小到大排序，每次从剩余的边中选择权值较小且边的两个顶点不在同一个集合内的边（就是不会产生回路的边），加入到生成树中，直到加入了 $n-1$ 条边为止，代码如下。

```c
#include <stdio.h>
struct edge
{
    int u;
    int v;
    int w;
}; //为了方便排序，这里创建了一个结构体用来存储边的关系
struct edge e[10];//数组大小根据实际情况来设置，要比m的最大值大1
int n,m;
int f[7]={0},sum=0,count=0;//并查集需要用到的一些变量
//f数组大小根据实际情况来设置，要比n的最大值大1
```

```
void quicksort(int left,int right)
{
    int i,j;
    struct edge t;
    if(left>right)
        return;

    i=left;
    j=right;
    while(i!=j)
    {
        //顺序很重要,要先从右边开始找
        while(e[j].w>=e[left].w && i<j)
            j--;
        //再从左边开始找
        while(e[i].w<=e[left].w && i<j)
            i++;

        //交换
        if(i<j)
        {
            t=e[i];
            e[i]=e[j];
            e[j]=t;
        }
    }
    //最终将基准数归位,将left和i互换
    t=e[left];
    e[left]=e[i];
    e[i]=t;

    quicksort(left,i-1);//继续处理左边的,这里是一个递归的过程
    quicksort(i+1,right);//继续处理右边的,这里是一个递归的过程
    return;
}

//并查集寻找祖先的函数
int getf(int v)
{
    if(f[v]==v)
```

```
            return v;
        else
        {
            //这里是路径压缩
            f[v]=getf(f[v]);
            return f[v];
        }
}
//并查集合并两子集合的函数
int  merge(int v,int u)
{
    int t1,t2;
    t1=getf(v);
    t2=getf(u);
    if( t1!=t2 )//判断两个点是否在同一个集合中
    {
        f[t2]=t1;
        return 1;
    }
    return 0;
}

//请从此处开始阅读程序，从主函数开始阅读程序是一个好习惯
int main()
{
    int i;

    //读入n和m，n表示顶点个数，m表示边的条数
    scanf("%d %d",&n,&m);

    //读入边，这里用一个结构体来存储边的关系
    for(i=1;i<=m;i++)
        scanf("%d %d %d",&e[i].u,&e[i].v,&e[i].w);

    quicksort(1,m);  //按照权值从小到大对边进行快速排序

    //并查集初始化
    for(i=1;i<=n;i++)
        f[i]=i;
```

```
//Kruskal算法核心部分
for(i=1;i<=m;i++)//开始从小到大枚举每一条边
{
    //判断一条边的两个顶点是否已经连通，即判断是否已在同一个集合中
    if( merge(e[i].u,e[i].v) )  //如果目前尚未连通，则选用这条边
    {
        count++;
        sum=sum+e[i].w;
    }
    if( count == n-1 )  //直到选用了n-1条边之后退出循环
        break;
}

printf("%d",sum);//打印结果

getchar();getchar();
return 0;
}
```

可以输入以下数据进行验证。

```
6 9
2 4 11
3 5 13
4 6 3
5 6 4
2 3 6
4 5 7
1 2 1
3 4 9
1 3 2
```

运行结果是：

```
19
```

现在来讨论 Kruskal 算法的时间复杂度。对边进行快速排序是 $O(M\log M)$，在 $m$ 条边中找出 $n-1$ 条边是 $O(M\log N)$，所以 Kruskal 算法的时间复杂度为 $O(M\log M + M\log N)$。通常 $M$ 要比 $N$ 大很多，因此最终时间复杂度为 $O(M\log M)$。

我第一次遇到最小生成树问题是在做一道竞赛题时。那个时候网络还不发达，题解很难找，算法的教材也很少，我不知道这样的问题就是典型的最小生成树问题，当时就自己 YY 出了 Kruskal 算法的原型。因为那个时候我也不知道还有并查集这个东西，所以是用深度优先搜索来判断两个顶点是否连通的，算法的效率很低。到后我来又 YY 了另外一种算法，就是下一节将要介绍的算法。哎，我又开始自恋了，算了，你们无情地鄙视我吧(^_^)，请看下一节——再谈最小生成树。

## 第 2 节　再谈最小生成树

接着上节说。当时我就想啊，要用 $n-1$ 条边将 $n$ 个顶点连接起来，那么每个顶点都必须至少有一条边与它相连（要不然这个点就是一个"孤立"的点了）。那我就随便选一个顶点开始（反正最终每个顶点都是要选到的），看看这个顶点有哪些边，在它的边中找一个最短的。例如在下面这个图中，首先选择 1 号顶点，1 号顶点有两条边分别是 1→2 和 1→3，其中 1→2 比较短。我刚才说了"每个顶点都必须至少有一条边与它相连"，那不妨先选择这条最短的边 1→2，通过它就将 1 号顶点和 2 号顶点连接在一起了。为了方便后面的表述，这里可以说成 1 号顶点和 2 号顶点已经被选中。下图中白色的顶点就是被选中的点。

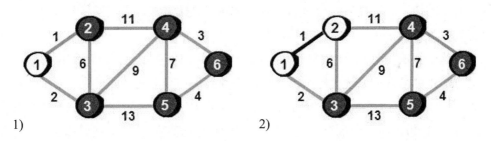

1)　　　　　　　　　　2)

连接完 1 号和 2 号顶点后，那剩下的顶点该怎么办呢。我当时就想啊，一定要向这两个顶点靠近，越近越好。于是接下来我便开始枚举 1 号和 2 号顶点所有的边，看看哪些边可以连接到**没有被选中**的顶点，并且边越短越好。也就是在 1→3、2→3 和 2→4 这三条边中选出最短的一条。这三条边中 1→3 最短，通过这条边，就可以将 3 号顶点与 1 号、2 号顶点连接在一起了。想必此时你已经看出了眉目，接下来只需采用刚才的方法继续寻找剩下的顶点中离 1、2 和 3 号顶点最近的顶点，也就是继续在 1 号、2 号和 3 号顶点所有的边中找出一条最短边可以连接到**没有被选中**的顶点。这次选中的是 4 号顶点。照此方法，一共重复操作 $n-1$ 次，直到将所有顶点都选中，算法结束。这个方法就像是一棵"生成树"在慢慢长大，从一个顶点长到了 n 个顶点。

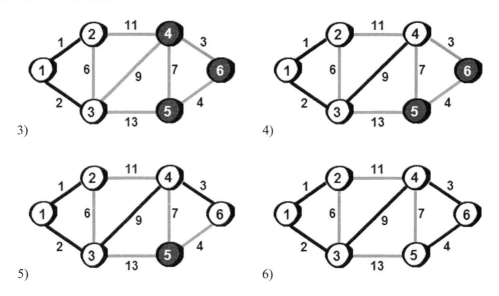

总结一下这个算法。我们将图中所有的顶点分为两类：树顶点（已被选入生成树的顶点）和非树顶点（还未被选入生成树的顶点）。首先选择任意一个顶点加入生成树（你可以理解成为生成树的根）。接下来要找出一条边添加到生成树，这需要枚举每一个树顶点到每一个非树顶点所有的边，然后找到最短边加入到生成树。照此方法，重复操作 $n-1$ 次，直到将所有顶点都加入生成树中。

在实现这个算法的时候，比较复杂也比较费时的是，如何找出下一个添加到生成树的边。我当时的方法正如前面所叙述，枚举每一个树顶点到每一个非树顶点的所有的边，而这非常耗时。直到后来学习了 Edsger Wybe Dijkstra 大神的 Dijkstra 最短路径算法，才恍然大悟。Dijkstra 算法的思想是用一个数组 dis 来记录各个顶点到源点的距离，然后每次扫描数组 dis，从中选出离顶点最近的顶点（假设这个点为 $j$），看通过该顶点的所有边能否更新源点到各个顶点的距离，即如果 $dis[k]>dis[j]+e[j][k]$（$1<=k<=n$）则更新 $dis[k]=dis[j]+e[j][k]$。在这里我们也可以使用类似的方法，但有一点小小的变化。用数组 dis 来记录"生成树"到各个顶点的距离，也就是说现在记录的最短距离，不是每个顶点到 1 号顶点的最短距离，而是每个顶点到任意一个"树顶点"（已被选入生成树的顶点）的最短距离，即如果 $dis[k]>e[j][k]$（$1<=k<=n$）则更新 $dis[k]=e[j][k]$。因此在计算更新最短路径的时候不再需要加上 $dis[j]$ 了，因为我们的目标并不是非得靠近 1 号顶点，而是靠近"生成树"就可以。也就是说只需要靠近"生成树"中任意一个"树顶点"就行。

接下来我们来模拟这个算法。最开始的时候，生成树中只有一个 1 号顶点。因此数组 dis 存储的就是所有顶点到 1 号顶点的距离，如下。

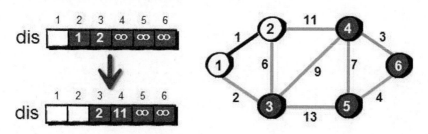

目前离生成树最近的是 2 号顶点，因此将 2 号顶点加入生成树，并枚举 2 号顶点的边，看看能否更新非树顶点到生成树的距离。比如通过 2→4 这条边就可以让 4 号顶点到生成树的距离更新为 11。有些同学会问为什么是 11 呢，应该 1+11=12 啊。亲，12 是 4 号顶点到 1 号顶点的最短距离，而现在数组 dis 中存储的是 4 号顶点到生成树的最短距离。目前生成树中只有 1 号和 2 号两个顶点，显然 4 号顶点到 2 号顶点更近，因此 dis[4] 中存储的就是 2→4 这条边的权值。

这种方法是不是很巧妙，刚开始我都不知道这个算法叫做 Prim，后来才知道这个算法由 Robert C. Prim（罗伯特·普里姆）在 1957 年发现。哇塞，我竟然发现了两个最小生成树算法（Kruskal 和 Prim）的雏形，当时一阵狂喜啊。我说我是不是也有潜力搞个图灵奖啊，嘿嘿。哎，又开始飘了，你们无视我吧。下面继续整理一下这个算法的流程。

1. 从任意一个顶点开始构造生成树，假设就从 1 号顶点吧。首先将顶点 1 加入生成树中，用一个一维数组 book 来标记哪些顶点已经加入了生成树。
2. 用数组 dis 记录生成树到各个顶点的距离。最初生成树中只有 1 号顶点，有直连边时，数组 dis 中存储的就是 1 号顶点到该顶点的边的权值，没有直连边的时候就是无穷大，即初始化 dis 数组。
3. 从数组 dis 中选出离生成树最近的顶点（假设这个顶点为 $j$）加入到生成树中（即在数组 dis 中找最小值）。再以 $j$ 为中间点，更新生成树到每一个非树顶点的距离（就是松弛啦），即如果 dis[$k$]>e[$j$][$k$] 则更新 dis[$k$]=e[$j$][$k$]。
4. 重复第 3 步，直到生成树中有 $n$ 个顶点为止。

下面上代码啦。

```
#include <stdio.h>
int main()
```

```c
{
    int n,m,i,j,k,min,t1,t2,t3;
    int e[7][7],dis[7],book[7]={0};//这里对book数组进行了初始化
    int inf=99999999; //用inf（infinity的缩写）存储一个我们认为的正无穷值
    int count=0,sum=0;//count用来记录生成树中顶点的个数，sum用来存储路径之和

    //读入n和m，n表示顶点个数，m表示边的条数
    scanf("%d %d",&n,&m);

    //初始化
    for(i=1;i<=n;i++)
        for(j=1;j<=n;j++)
            if(i==j) e[i][j]=0;
                else e[i][j]=inf;

    //开始读入边
    for(i=1;i<=m;i++)
    {
        scanf("%d %d %d",&t1,&t2,&t3);
        //注意这里是无向图，所以需要将边反向再存储一遍
        e[t1][t2]=t3;
        e[t2][t1]=t3;
    }

    //初始化dis数组，这里是1号顶点到各个顶点的初始距离，因为当前生成树中只有1号顶点
    for(i=1;i<=n;i++)
        dis[i]=e[1][i];

    //Prim核心部分开始
    //将1号顶点加入生成树
    book[1]=1;//这里用book来标记一个顶点是否已经加入生成树
    count++;
    while(count<n)
    {
        min=inf;
        for(i=1;i<=n;i++)
        {
            if(book[i]==0 && dis[i]<min)
            { min=dis[i]; j=i; }
        }
```

```
            book[j]=1; count++; sum=sum+dis[j];

            //扫描当前顶点j所有的边,再以j为中间点,更新生成树到每一个非树顶点的距离
            for(k=1;k<=n;k++)
            {
                if(book[k]==0 && dis[k]>e[j][k])
                    dis[k]=e[j][k];
            }
        }

        printf("%d",sum);//打印结果

        getchar();getchar();
        return 0;
    }
```

可以输入以下数据进行验证。

```
6 9
2 4 11
3 5 13
4 6 3
5 6 4
2 3 6
4 5 7
1 2 1
3 4 9
1 3 2
```

运行结果是:

19

上面这种方法的时间复杂度是 $O(N^2)$。如果借助"堆",每次选边的时间复杂度是 $O(\log M)$,然后使用邻接表来存储图的话,整个算法的时间复杂度会降低到 $O(M\log N)$。那么如何使用堆来优化呢?我们需要3个数组,如下图。

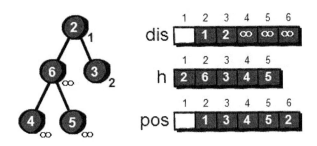

　　数组 dis 用来记录生成树到各个顶点的距离。数组 h 是一个最小堆，堆里面存储的是顶点编号。请注意，这里并不是按照顶点编号的大小来建立最小堆的，而是按照顶点在数组 dis 中所对应的值来建立这个最小堆。此外还需要用一个数组 pos 来记录每个顶点在最小堆中的位置。例如上图中，左边最小堆的圆圈中存储的是顶点编号，圆圈右下角的数是该顶点（圆圈里面的数）到生成树的最短距离，即数组 dis 中存储的值，下面代码来了。

```c
#include <stdio.h>
int dis[7],book[7]={0};//book数组用来记录哪些顶点已经放入生成树中
int h[7],pos[7],size;//h用来保存堆，pos用来存储每个顶点在堆中的位置，size为堆的大小

//交换函数，用来交换堆中的两个元素的值
void swap(int x,int y)
{
    int t;
    t=h[x];
    h[x]=h[y];
    h[y]=t;

    //同步更新pos
    t=pos[h[x]];
    pos[h[x]]=pos[h[y]];
    pos[h[y]]=t;
    return;
}

//向下调整函数
void siftdown(int i) //传入一个需要向下调整的结点编号
{
    int t,flag=0;//flag用来标记是否需要继续向下调整
    while( i*2<=size && flag==0 )
    {
```

```
        //比较i和它左儿子i*2在dis中的值,并用t记录值较小的结点编号
        if( dis[h[i]] > dis[h[i*2]] )
            t=i*2;
        else
            t=i;
        //如果它有右儿子,再对右儿子进行讨论
        if(i*2+1 <= size)
        {
            //如果右儿子的值更小,更新较小的结点编号
            if(dis[h[t]] > dis[h[i*2+1]])
                t=i*2+1;
        }
        //如果发现最小的结点编号不是自己,说明子结点中有比父结点更小的
        if(t!=i)
        {
            swap(t,i);//交换它们
            i=t;//更新i为刚才与它交换的儿子结点的编号,便于接下来继续向下调整
        }
        else
            flag=1;//否则说明当前的父结点已经比两个子结点都要小了,不需要再进行调整了
    }
    return;
}

void siftup(int i)  //传入一个需要向上调整的结点编号i
{
    int flag=0;  //用来标记是否需要继续向上调整
    if(i==1)   return;  //如果是堆顶,就返回,不需要调整了
    //不在堆顶,并且当前结点i的值比父结点小的时候继续向上调整
    while(i!=1 && flag==0)
    {
        //判断是否比父结点的小
        if(dis[h[i]]<dis[h[i/2]])
            swap(i,i/2);//交换它和它爸爸的位置
        else
            flag=1;//表示已经不需要调整了,当前结点的值比父结点的值要大
        i=i/2;  //这句话很重要,更新编号i为它父结点的编号,从而便于下一次继续向上调整
    }
    return;
}
```

```c
//从堆顶取出一个元素
int pop()
{
    int t;
    t=h[1];//用一个临时变量记录堆顶点的值
    pos[t]=0;//其实这句要不要无所谓
    h[1]=h[size];//将堆的最后一个点赋值到堆顶
    pos[h[1]]=1;
    size--;//堆的元素减少1
    siftdown(1);//向下调整
    return t;//返回之前记录的堆顶点
}

int main()
{
    int n,m,i,j,k;
    //u、v、w和next的数组大小要根据实际情况来设置,此图是无向图,要比2*m的最大值要大1
    //first要比n的最大值要大1,要比2*m的最大值要大1
    int u[19],v[19],w[19],first[7],next[19];
    int inf=99999999;  //用inf(infinity的缩写)存储一个我们认为的正无穷值
    int count=0,sum=0;//count用来记录生成树中顶点的个数,sum用来存储路径之和

    //读入n和m,n表示顶点个数,m表示边的条数
    scanf("%d %d",&n,&m);

    //开始读入边
    for(i=1;i<=m;i++)
        scanf("%d %d %d",&u[i],&v[i],&w[i]);

    //这里是无向图,所以需要将所有的边再反向存储一次
    for(i=m+1;i<=2*m;i++)
    {
        u[i]=v[i-m];
        v[i]=u[i-m];
        w[i]=w[i-m];
    }
    //开始使用邻接表存储边
    for(i=1;i<=n;i++)   first[i]=-1;

    for(i=1;i<=2*m;i++)
    {
```

```
        next[i]=first[u[i]];
        first[u[i]]=i;
}

//Prim核心部分开始
//将1号顶点加入生成树
book[1]=1;//这里用book来标记一个顶点已经加入生成树
count++;

//初始化dis数组,这里是1号顶点到其余各个顶点的初始距离
dis[1]=0;
for(i=2;i<=n;i++)   dis[i]=inf;
k=first[1];
while(k!=-1)
{
    dis[v[k]]=w[k];
    k=next[k];
}
//初始化堆
size=n;
for(i=1;i<=size;i++){  h[i]=i; pos[i]=i; }
for(i=size/2;i>=1;i--) {  siftdown(i);  }
    pop();//先弹出一个堆顶元素,因为此时堆顶是1号顶点

while(count<n)
{
    j=pop();
    book[j]=1; count++; sum=sum+dis[j];

    //扫描当前顶点j所有的边,再以j为中间结点,进行松弛
    k=first[j];
    while(k!=-1)
    {
        if(book[v[k]]==0 && dis[v[k]]>w[k])
        {
            dis[v[k]]=w[k];  //更新距离
            siftup(pos[v[k]]);  //对该点在堆中进行向上调整
            //提示:pos[v[k]]存储的是顶点v[k]在堆中的位置
        }
        k=next[k];
```

```
            }
    }
    
    printf("%d",sum);//打印结果
    
    getchar();getchar();
    return 0;
}
```

可以输入以下数据进行验证。

```
6 9
2 4 11
3 5 13
4 6 3
5 6 4
2 3 6
4 5 7
1 2 1
3 4 9
1 3 2
```

运行结果是：

```
19
```

从上面介绍的两个最短生成树算法可以看出，如果所有的边权都不相等，那么最小生成树是唯一的（你需要仔细想想这是为什么）。Kruskal 算法是一步步地将森林中的树进行合并，而 Prim 算法则是通过每次增加一条边来建立一棵树。Kruskal 算法更适用于稀疏图，没有使用堆优化的 Prim 算法适用于稠密图，使用了堆优化的 Prim 算法则更适用于稀疏图。

最后说一下，Prim 算法最先是由捷克数学家 Vojtěch Jarník（沃伊捷赫·亚尔尼克）在 1930 年发现。1957 年美国计算机科学家 Robert C. Prim（罗伯特·普里姆）再次独立发现，两年后（1959 年）Edsger Wybe Dijkstra（对，就是发明了 Dijkstra 最短路算法的那个人）再次发现了该算法。因此，Prim 算法又被称为 DJP 算法、Jarník 算法或 Prim–Jarník 算法。其实 Prim 最小生成树算法和 Dijkstra 最短路径算法很相似，我很怀疑当年 Robert C. Prim 是不是也发现了 Dijkstra 最短路径算法，因为这两个算法真是太像了。

## 第 3 节　重要城市——图的割点

一场大战即将开始……

我们已经掌握了敌人的城市地图，为了在战争中先发制人，决定向敌人的某个城市上空投放炸弹，来切断敌人城市之间的通讯和补给，城市地图如下。

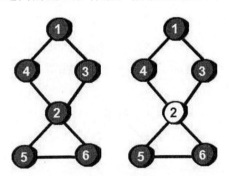

我们可以炸毁 2 号城市，这样剩下的城市之间就不能两两相互到达了。例如 4 号城市不能到 5 号城市，6 号城市也不能到达 1 号城市等等。

搞清楚问题后，下面将问题抽象化。在一个无向连通图中，如果删除某个顶点后，图不再连通（即任意两点之间不能相互到达），我们称这样的顶点为割点（或者称割顶）。那么割点如何求呢？

很容易想到的方法是：依次删除每一个顶点，然后用深度优先搜索或者广度优先搜索来检查图是否依然连通。如果删除某个顶点后，导致图不再连通，那么刚才删除的顶点就是割点。这种方法的时间复杂度是 $O(N(N+M))$。想一想有没有更好的方法呢？能找到线性的方法吗？

首先我们从图中的任意一个点（比如 1 号顶点）开始对图进行遍历（遍历的意思就是访问每个顶点），比如使用深度优先搜索进行遍历，下图就是一种遍历方案。从图中可以看出，对一个图进行深度优先遍历将会得到这个图的一个生成树（并不一定是最小生成树），如下图。有一点需要特别说明的是：下图中圆圈中的数字是顶点编号，圆圈右上角的数表示的是这个顶点在遍历时是第几个被访问到的，这还有个专有名词叫做"时间戳"。例如 1 号顶点的时间戳为 1，2 号顶点的时间戳为 3……我们可以用数组 num 来记录每一个顶点的时间戳。

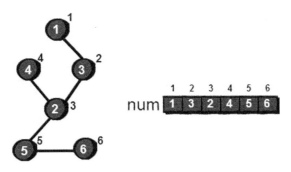

我们在遍历的时候一定会遇到割点（这不是废话吗），关键是如何认定一个顶点是割点呢。假如我们在深度优先遍历时访问到了 $k$ 点，此时图就会被 $k$ 点分割成为两部分。一部分是已经被访问过的点，另一部分是没有被访问过的点。如果 $k$ 点是割点，那么剩下的没有被访问过的点中至少会有一个点在不经过 $k$ 点的情况下，是无论如何再也回不到已访问过的点了。那么一个连通图就被 $k$ 点分割成多个不连通的子图了，下面来举例说明。

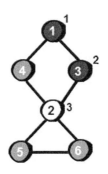

上图是深度优先遍历访问到 2 号顶点的时候。此时还没有被访问到的顶点有 4、5、6 号顶点。其中 5 和 6 号顶点都不可能在不经过 2 号顶点的情况下，再次回到已被访问过的顶点（1 和 3 号顶点），因此 2 号顶点是割点。

这个算法的关键在于：当深度优先遍历访问到顶点 u 时，假设图中还有顶点 v 是没有访问过的点，如何判断顶点 v 在不经过顶点 u 的情况下是否还能回到之前访问过的任意一个点？如果从生成树的角度来说，顶点 u 就是顶点 v 的父亲，顶点 v 是顶点 u 的儿子，而之前已经被访问过的顶点就是祖先。换句话说，如何检测顶点 v 在不经过父顶点 u 的情况下还能否回到祖先。我的方法是对顶点 v 再进行一次深度优先遍历，但是此次遍历时不允许经过顶点 u，看看还能否回到祖先。如果不能回到祖先则说明顶点 u 是割点。再举一个例子，请看下图。

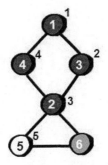

上图是深度优先遍历访问到 5 号顶点的时候，图中只剩下 6 号顶点还没有被访问过。现在 6 号顶点在不经过 5 号顶点的情况下，可以回到之前被访问过的顶点有：1、3、2 和 4 号顶点。我们这里只需要记录它能够回到最早顶点的"时间戳"。"时间戳"这个概念我们在第 5 章第 1 节就已经遇到过。对于 6 号顶点来说就是记录 1。因为 6 号顶点能够回到的最早顶点是 1 号顶点，而 1 号顶点的时间戳为 1（圆圈右上方的数）。为了不重复计算，我们需要一个数组 low 来记录每个顶点在不经过父顶点时，能够回到的最小"时间戳"。如下图。

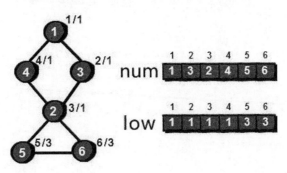

对于某个顶点 u，如果存在至少一个顶点 v（即顶点 u 的儿子），使得 low[v]>=num[u]，即不能回到祖先，那么 u 点为割点。对于本例，5 号顶点的儿子只有 6 号顶点，且 low[6]的值为 3，而 5 号顶点的"时间戳"num[5]为 5，low[6]<num[5]，可以回到祖先，因此 5 号顶点不是割点。2 号顶点的"时间戳"num[2]为 3，它的儿子 5 号顶点的 low[5]为 3，low[5]==num[3]，表示 5 号顶点不能绕过 2 号顶点从而访问到更早的祖先，因此 2 号顶点是割点。完整的代码实现如下。

```c
#include <stdio.h>
int n,m,e[9][9],root;
int num[9],low[9],flag[9],index;//index用来进行时间戳的递增
//求两个数中较小一个数的函数
int min(int a,int b)
{
    return a < b ? a : b;
}
//割点算法的核心
void dfs(int cur,int father)//需要传入的两个参数，当前顶点编号和父顶点的编号
{
    int child=0,i; //child用来记录在生成树中当前顶点cur的儿子个数
    
    index++;//时间戳加1
    num[cur]=index;//当前顶点cur的时间戳
    low[cur]=index;//当前顶点cur能够访问到最早顶点的时间戳，刚开始当然是自己啦
    for(i=1;i<=n;i++)//枚举与当前顶点cur有边相连的顶点i
    {
        if(e[cur][i]==1)
        {
            if(num[i]==0)//如果顶点i的时间戳为0，说明顶点i还没有被访问过
            {          //从生成树的角度来说，此时的i为cur的儿子
                child++;
                dfs(i,cur);//继续往下深度优先遍历
                //更新当前顶点cur能访问到最早顶点的时间戳
                low[cur]=min(low[cur],low[i]);
                //如果当前顶点不是根结点并且满足low[i] >= num[cur]，则当前顶点为割点
                if(cur!=root && low[i] >= num[cur])
                    flag[cur]=1;
                //如果当前顶点是根结点，在生成树中根结点必须要有两个儿子，那么这个根
                //结点才是割点
```

```
                    if(cur==root && child==2)
                        flag[cur]=1;
                }
                else if(i!=father)
                //否则如果顶点i曾经被访问过,并且这个顶点不是当前顶点cur的父亲,则说明
                //此时的i为cur的祖先,因此需要更新当前结点cur能访问到最早顶点的时间戳
                {
                    low[cur]=min(low[cur],num[i]);
                }
            }
        }
    }
    return;
}
int main()
{
    int i,j,x,y;
    scanf("%d %d",&n,&m);
    for(i=1;i <= n;i++)
        for(j=1;j <= n;j++)
            e[i][j]=0;

    for(i=1;i <= m;i++)
    {
        scanf("%d %d",&x,&y);
        e[x][y]=1;
        e[y][x]=1;
    }
    root=1;
    dfs(1,root);//从1号顶点开始进行深度优先遍历

    for(i=1;i <= n;i++)
    {
        if(flag[i]==1)
            printf("%d ",i);
    }

    getchar();getchar();
    return 0;
}
```

可以输入以下数据进行验证。第一行有两个数 $n$ 和 $m$，$n$ 表示有 $n$ 个顶点，$m$ 表示有 $m$ 条边。接下来 $m$ 行，每行形如"$a\ b$"表示顶点 $a$ 和顶点 $b$ 之间有边。

```
6 7
1 4
1 3
4 2
3 2
2 5
2 6
5 6
```

运行结果是：

```
2
```

细心的同学会发现，上面的代码是用的邻接矩阵来存储图，这显然是不对的，因为这样无论如何时间复杂度都会在 $O(N^2)$，因为边的处理就需要 $N^2$ 的时间。这里这样写是为了突出割点算法部分，实际应用中需要改为使用邻接表来存储，这样整个算法的时间复杂度是 $O(N+M)$。

## 第 4 节　关键道路——用 Tarjan 算法求图的割边（桥）

上一节我们解决了如何求割点，还有一种问题是如何求割边（也称为桥），即在一个无向连通图中，如果删除某条边后，图不再连通。下图中左图不存在割边，而右图有两条割边分别是 2-5 和 5-6。

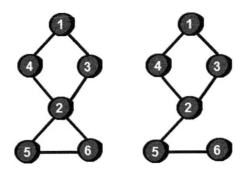

很明显，将 2-5 这条边删除后图被分割成了两个子图，如下。

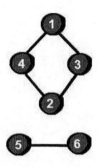

同理删除 5-6 这条边后图也被分割成了两个子图，如下。

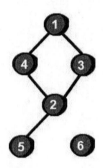

那么如何求割边呢？只需要将求割点的算法修改一个符号就可以。只需将 $low[v] \geq num[u]$ 改为 $low[v]>num[u]$，取消一个等于号即可。为什么呢？$low[v]>=num[u]$ 代表的是点 $v$ 是不可能在不经过父亲结点 $u$ 而回到祖先（包括父亲）的，所以顶点 $u$ 是割点。如果 $low[v]$ 和 $num[u]$ 相等则表示还可以回到父亲，而 $low[v]>num[u]$ 则表示连父亲都回不到了。倘若顶点 $v$ 不能回到祖先，也没有另外一条路能回到父亲，那么 $u$-$v$ 这条边就是割边，代码实现如下，请注意输出部分。

```c
#include <stdio.h>
int n,m,e[9][9],root;
int num[9],low[9],index;
int min(int a,int b)
{
    return a < b ? a : b;
}
void dfs(int cur,int father)
{
    int i;
    
    index++;
    num[cur]=index;
```

```
    low[cur]=index;
    for(i=1;i <= n;i++)
    {
        if(e[cur][i]==1)
        {
            if(num[i]==0)
            {
                dfs(i,cur);
                low[cur]=min(low[i],low[cur]);
                if(low[i] > num[cur])
                    printf("%d-%d\n",cur,i);
            }
            else if(i != father)
            {
                low[cur]=min(low[cur],num[i]);
            }
        }
    }
    return;
}
int main()
{
    int i,j,x,y;
    scanf("%d %d",&n,&m);
    for(i=1;i <= n;i++)
        for(j=1;j <= n;j++)
            e[i][j]=0;

    for(i=1;i <= m;i++)
    {
        scanf("%d %d",&x,&y);
        e[x][y]=1;
        e[y][x]=1;
    }
    root=1;
    dfs(1,root);

    getchar();getchar();
    return 0;
}
```

可以输入以下数据进行验证。第一行有两个数 $n$ 和 $m$。$n$ 表示有 $n$ 个顶点，$m$ 表示有 $m$ 条边。接下来 $m$ 行，每行形如 "$a\ b$" 表示顶点 $a$ 和顶点 $b$ 之间有边。

```
6 6
1 4
1 3
4 2
3 2
2 5
5 6
```

运行结果是：

```
5-6
2-5
```

同割点的实现一样，这里也是用的邻接矩阵来存储图的，实际应用中需要改为使用邻接表来存储，否则这个算法就不是 $O(N+M)$ 了，而至少是 $O(N^2)$。如果这样的话，这个算法就没有意义了。因为你完全可以尝试依次删除每一条边，然后用深度优先搜索或者广度优先搜索去检查图是否依然连通。如果删除一条边后导致图不再连通，那么刚才删除的边就是割边。这种方法的时间复杂度是 $O(M(N+M))$。可见一个算法要选择合适的数据结构是非常重要的。

割点和割边算法也是由 Robert E. Tarjan 发明的，不得不说这位同学真是神犇啊！

## 第 5 节　我要做月老——二分图最大匹配

小哼今天和小伙伴们一起去游乐场玩，终于可以坐上梦寐以求的过山车了。过山车的每一排只有两个座位，为了安全起见，是每个女生必须与一个男生坐一排。但是，每个人都希望与自己认识的人坐在一起。举个例子吧，1 号女生与 1 号男生相互认识，因此 1 号女生和 1 号男生可以坐在一起。另外 1 号女生与 2 号男生也相互认识，因此他们也可以坐一起。像这样的关系还有 2 号女生认识 2 号和 3 号男生，3 号女生认识 1 号男生。请问如何安排座位才能让最多的人满意呢？这仅仅是一个例子。实际情况要复杂得多，因为小哼的小伙伴们实在是太多了。

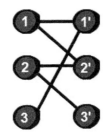

首先我们还是将问题模型化，如上图，左边的顶点是女生，右边的顶点是男生。如果顶点之间有边，则表示他们可以坐在一起。像这样特殊的图叫做二分图（注意二分图是无向图哦）。二分图的定义是：如果一个图的所有顶点可以被分为 $X$ 和 $Y$ 两个集合，并且所有边的两个顶点恰好一个属于集合 $X$，另一个属于集合 $Y$，即每个集合内的顶点没有边相连，那么此图就是二分图。对于上面的例子，我们很容易找到两种分配方案，如下。

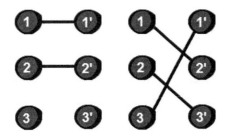

很显然右边的分配方案更好。我们把一种分配方案叫做一种匹配。那么现在的问题就演变成求二分图的最大匹配（配对数最多）。求最大匹配最容易想到的方法是：找出全部匹配，然后输出配对数最多的。这种方法的时间复杂度是非常高的，那还有没有更好的方法呢？

我们可以这么想，首先从左边的第 1 号女生开始考虑。先让她与 1 号男生配对，配对成功后，紧接着考虑 2 号女生。2 号女生可以与 2 号男生配对，接下来继续考虑 3 号女生。此时我们发现 3 号女生只能和 1 号男生配对，可是 1 号男生已经配给 1 号女生了，怎么办？3

号女生是不是就此放弃了呢？可不能就这么放弃啊，放弃了就玩不了过山车了……

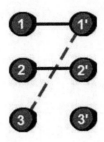

此时 3 号女生硬着头皮走到了 1 号男生面前，貌似 1 号男生已经看出了 3 号女生的来意，这个时候 1 号男生对 3 号女生说："我之前已经答应了与 1 号女生坐一起，你稍等一下，我让 1 号女生去问问看她能否与其他认识的男生坐一起，如果她找到了别的男生，那我就和你坐一起。"接下来，1 号女生便尝试去找别的男生啦。

此时 1 号女生来到了 2 号男生面前问："我可以和你坐在一起吗？" 2 号男生说："我刚答应和 2 号女生坐一起，你稍等一下，我让 2 号女生去问问看她能否与其他认识的男生坐一起，如果她找到了别的男生，那我就和你坐一起。"接下来，2 号女生又去尝试找别的男生啦。

此时，2 号女生来到了 3 号男生面前问："我可以和你坐在一起吗？" 3 号男生说："我正空着呢，当然可以啦！"此时 2 号女生回过头对 2 号男生说："我和别的人坐在一起啦。"然后 2 号男生对 1 号女生说："现在我可以和你坐在一起啦。"接着，1 号女生又对 1 号男生说："我找到别的男生啦。"最后 1 号男生回复了 3 号女生："我现在可以和你坐在一起啦。"

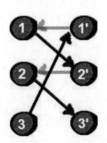

真是波折啊～～是不是有点连锁反应的感觉。最终通过这种连锁反应，配对数从原来的 2 对变成了 3 对，增加了 1 对。刚才的过程有个专业名词叫做增广路，不难发现如果找到一条增广路，那么配对数将会加 1。增广路的本质就是一条路径的起点和终点都是未被配对的点。

既然增广路的作用是"改进"匹配方案（增加配对数），如果我们已经找到一种匹配方案，如何确定当前这个匹配方案已经是最大匹配了呢？如果在当前匹配方案下再也找不到增广路，那么当前匹配就是最大匹配了，算法如下。

1. 首先从任意一个未被配对的点 u 开始，从点 u 的边中任意选一条边（假设这条边是 u→v）开始配对。如果此时点 v 还没有被配对，则配对成功，此时便找到了一条增广路（只不过这条增广路比较简单）。如果此时点 v 已经被配对了，那就要尝试进行"连锁反应"。如果尝试成功了，则找到一条增广路，此时需要更新原来的配对关系。这里要用一个数组 match 来记录配对关系，比如点 v 与点 u 配对了，就记作 match[v]=u。配对成功后，记得要将配对数加 1。配对的过程我们可以通过深度优先搜索来实现，当然广度优先搜索也可以。
2. 如果刚才所选的边配对失败，要从点 u 的边中再重新选一条边，进行尝试。直到点 u 配对成功，或者尝试过点 u 所有的边为止。
3. 接下来继续对剩下没有被配对的点一一进行配对，直到所有的点都尝试完毕，找不到新的增广路为止。
4. 输出配对数。

这种方法的正确性留给你来证明，嘿嘿，并不难证，思考一下吧，代码如下。

```c
#include <stdio.h>
int e[101][101];
int match[101];
int book[101];
int n,m;
int dfs(int u)
{
    int i;
    for (i=1; i<=n; i++)
    {
        if (book[i] == 0 && e[u][i] == 1)
        {
            book[i] = 1;    //标记点i已访问过
            //如果点i未被配对或者找到了新的配对
            if ( match[i] == 0  || dfs(match[i]) )
            {
                //更新配对关系
                match[i] = u;
                return 1;
            }
        }
    }
}
```

```c
        return 0;
}

int main()
{
    int i, j, t1, t2, sum=0;

    scanf("%d %d",&n,&m);//n个点m条边

    for (i=1; i<=m; i++)//读入边
    {
        scanf("%d%d", &t1, &t2);
        e[t1][t2]=1;
    }

    for(i=1;i<=n;i++)   match[i]=0;

    for (i=1; i<=n; i++)
    {
        for(j=1;j<=n;j++)   book[j]=0;   //清空上次搜索时的标记
        if (dfs(i))    sum++;//寻找增广路,如果找到,配对数加1
    }

    printf("%d", sum);

    getchar();getchar();
    return 0;
}
```

可以输入以下数据进行验证。第1行两个整数n和m。n表示男生和女生的人数均为n,男女生的编号也均为1~n。m表示接下来有m条关系。接下来m行,每行两个整数u和v,表示u号男生可以和v号女生坐在一起。

```
3 5
1 1
1 2
2 2
2 3
3 1
```

运行结果是：

3

如果二分图有 $n$ 个点，那么最多找到 $n/2$ 条增广路径。如果图中共有 $m$ 条边，那么每找一条增广路径最多把所有边遍历一遍，所花时间是 $m$。所以总的时间复杂度是 $O(NM)$。

二分图在任务调度、工作安排等方面有较多应用。那么如何判断一个图是二分图呢？上面的例子是比较明显的。有些时候则很难看出一个图是二分图，因此首先需要判断这个图是不是二分图。判断一个图是否为二分图也非常简单，首先将任意一个顶点着红色，然后将其相邻的顶点着蓝色，如果按照这样的着色方法可以将全部顶点着色的话，并且相邻的顶点着色不同，那么该图就是二分图。此处我就不实现了，留给你来尝试吧。

该算法称为匈牙利算法，由 Jack Edmonds 给出。目前最快的二分图最大匹配算法是由 John E. Hopcroft（怎么又是这个人！）提出的。有兴趣的同学可以去看看他的论文"An $n^{5/2}$ Algorithm for Maximum Matchings in Bipartite Graphs，SIAM *Journal on Computing*，1973"。下面即将进入本书的最后一章：还能更好吗。

# 第9章 还能更好吗——微软亚洲研究院面试

记得在一次 MSRA（微软亚洲研究院）的面试中，我被问到这样的一个问题：假如现在有一个序列，已知其中有一个数出现的次数超过了 50%，请你找出这个数。比如 3、3、1、1、3、2、3 中，出现次数超过 50% 的数是 3。

小伙伴们，你们有什么办法吗？我当时想这还不简单，两两比较呗，分别记录每个数字的出现的次数，2 个 for 循环就解决了。

我说完后，面试我的朋友说："有没有更好的方法？"

我说："还可以排序，排完序后所有相同的数就会在一起。然后再从头到尾扫一遍，用一个变量 count 来统计每个数出现的次数，并再用一个变量 max 来更新 count 的最大值。排序可以用堆排或快排，时间复杂度 $O(NlogN)$，比刚才的 $O(N^2)$ 要快很多。"

我说完后，面试我的朋友又问："你觉得需要扫一遍吗？"

我思考了一会儿回答："嗯，好像可以不扫，如果这个数出现的次数大于 50% 的话，排序之后应该就是位于 $n/2$ 位置的那个数。"

说完后，面试我的朋友说："对，如果确定有一个数出现的次数超过了 50%，那么这个数就是位于 $n/2$ 位置的那个数。如果之前不确定有，那么还需要扫一遍，对 $n/2$ 位置的那个数进行计数，如果统计出来的个数超过总数的 50%，那么这个数就是。如果没有超过总数的 50%，那么则没有一个数出现的次数超过 50%。你再想想看，还有没有更好的办法？给你 5 分钟时间想一下。"

思考了一下后我回答："可以用一个数组来记录每个数出现的次数，就是类似桶排序的方法，数组中最大值的下标就是出现次数超过 50% 的数。时间复杂度和空间复杂度是 $O(N+M)$。"

面试我的朋友说："不错，但是如果数的大小分布跨度很大怎么办，比如 1、10000、100000000……这样不会很浪费空间？"

我说："可以离散化一下，再开一个数组来进行一一对应，让 1 对应 1，2 对应 10000，3 对应 100000000……。"

面试我的朋友说："很好，还能不能再改进？再给你 10 分钟想一下，从出现次数超过 50%这方面再想一想。"

大约 10 分钟后我回答："选择一个数作为划分起点，然后用类似快速排序的方法将小于它的移动到左边，大于它的移动到右边，这样就将所有的数划分为两个部分，此时，划分点所在位置为 k。如果 k>n/2，那么继续用同样的方法在左边部分找；如果 k<n/2 就在右边部分找；k=n/2 那么就是这个数。这样要比之前快速排序的方法要快一些，估计是近似于 $O(N)$。"

# 第 9 章　还能更好吗——微软亚洲研究院面试

面试我的朋友说："非常好，你还有没有更好的方法呢？再给 10 分钟想一想。"

我当时想：时间复杂度肯定是 $O(N)$ 啦，将所有的数读进来的时间就是 $O(N)$，肯定不可能比 $O(N)$ 还要低了。还能有什么更好的办法？无非是系数的优化。接下来，我便在纸上画啊，写啊。又考虑过分组之类，又考虑去重之类的，到最后也没能想出更好的方法。就这样这次大约半个小时的技术面试就结束了。面试完毕之后，我就开始找资料，发现这是著名的"寻找多数元素"问题，也叫做"主元素问题"。比如在投票系统中如果有一个人的票数超过 50%，那么这个人立即当选。哎，平时不注意积累啊，这么重要的问题都不知道，还好意思说以前搞过竞赛，还是竞赛保送生，丢人啊！这次估计没戏了。谁知后来 MSRA 竟然给了 offer，当时欣喜若狂啊。我猜想 MSRA 最看重的应该也不是你已经掌握了多少，而是你能不能通过已经掌握的东西折腾出新东西来，也就是说你有没有在思考。当然后来又有一两轮面试，主要是问了一些简历上写的做过的项目，让我简单介绍一下。之后就问我想做什么方面之类的吧，不是特别专业的那种技术面试。最后说一下这个问题的另外一种解法。

这样的序列有一个特性：在原序列中去除两个不一样的数，那么在原序列中出现次数超过了 50% 的数，在新序列中的出现次数也一定会超过 50%。

如果你发现了这个特性，接下来就好办了，交给你去尝试吧，学习算法就要多思考。整本书到这里就结束了。我写了一些常用的算法，没有介绍到的算法还有很多。如果你对算法有兴趣可以去读一读算法界的 Bible《算法导论》。另外人民邮电出版社出的《思考的乐趣》《数学之美》和《具体数学》也很值得一读。最后，欢迎大家访问我的网站 ahalei.com 与我和小伙伴们一起交流。下一本再见啦，《啊哈！算法 2——伟大思维闪耀时》，让我们再次回到那逻辑与思维激情碰撞的大师年代。

# 欢迎加入

# 图灵社区 iTuring.cn

## ——最前沿的IT类电子书发售平台

电子出版的时代已经来临。在许多出版界同行还在犹豫彷徨的时候，图灵社区已经采取实际行动拥抱这个出版业巨变。作为国内第一家发售电子图书的IT类出版商，图灵社区目前为读者提供两种DRM-free的阅读体验：在线阅读和PDF。

相比纸质书，电子书具有许多明显的优势。它不仅发布快，更新容易，而且尽可能采用了彩色图片（即使有的书纸质版是黑白印刷的）。读者还可以方便地进行搜索、剪贴、复制和打印。

图灵社区进一步把传统出版流程与电子书出版业务紧密结合，目前已实现作译者网上交稿、编辑网上审稿、按章发布的电子出版模式。这种新的出版模式，我们称之为"敏捷出版"，它可以让读者以较快的速度了解到国外最新技术图书的内容，弥补以往翻译版技术书"出版即过时"的缺憾。同时，敏捷出版使得作、译、编、读的交流更为方便，可以提前消灭书稿中的错误，最大程度地保证图书出版的质量。

**优惠提示**：现在购买电子书，读者将获赠书款20%的社区银子，可用于兑换纸质样书。

## ——最方便的开放出版平台

图灵社区向读者开放在线写作功能，协助你实现自出版和开源出版的梦想。利用"合集"功能，你就能联合二三好友共同创作一部技术参考书，以免费或收费的形式提供给读者。（收费形式须经过图灵社区立项评审。）这极大地降低了出版的门槛。只要你有写作的意愿，图灵社区就能帮助你实现这个梦想。成熟的书稿，有机会入选出版计划，同时出版纸质书。

图灵社区引进出版的外文图书，都将在立项后马上在社区公布。如果你有意翻译哪本图书，欢迎你来社区申请。只要你通过试译的考验，即可签约成为图灵的译者。当然，要想成功地完成一本书的翻译工作，是需要有坚强的毅力的。

## ——最直接的读者交流平台

在图灵社区，你可以十分方便地写作文章、提交勘误、发表评论，以各种方式与作译者、编辑人员和其他读者进行交流互动。提交勘误还能够获赠社区银子。

你可以积极参与社区经常开展的访谈、乐译、评选等多种活动，赢取积分和银子，积累个人声望。

# 推荐阅读

▶ Sedgewick 之巨著，与高德纳 TAOCP 一脉相承

▶ 几十年多次修订，经久不衰的畅销书

▶ 涵盖所有程序员必须掌握的 50 种算法

（中文版）　　（英文版）

作者：Robert Sedgewick　Kevin Wayne
译者：谢路云
书号：978-7-115-29380-0（中文版）
　　　978-7-115-27146-4（英文版）
定价：99.00 元
开本：16　页数：648

作者：秋叶拓哉　岩田阳一
　　　北川宜稔
译者：巫泽俊　庄俊元
　　　李津羽
书号：978-7-115-32010-0
定价：79.00 元
开本：16
页数：424

作者：具宗万
译者：崔盛一
书号：978-7-115-38462-1
定价：119.00 元
开本：16
页数：748

作者：王晓华
书号：978-7-115-38537-6
定价：79.00 元
开本：16
页数：416

作者：Richard Neapolitan
译者：贾洪峰
书号：978-7-115-41657-5
定价：99.00 元
开本：16
页数：408